口絵 1-1　本書で扱っているハタ科魚類
A：アオハタ *Epinephelus awoara*，B：アカハタ *E. fasciatus*，C：アカマダラハタ *E. fuscoguttatus*，
D：オオモンハタ *E. areolatus*，E：カンモンハタ *E. merra*，F：キジハタ *E. akaara*，G：クエ *E. bruneus*，
H：スジアラ *Plectropomus leopardus*，I：タマカイ *E. lanceolatus*，J：チャイロマルハタ *E. coioides*，
K：ナミハタ *E. ongus*，L：ヒトミハタ *E. tauvina*.
写真提供：(独) 水産総合研究センター (FRA) (A, B, E～H, K)，神奈川県立生命の星地球博物館 (瀬
能　宏撮影) (C, D, I, J, L).

口絵1-2　本書で扱っているハタ科魚類
M：マダラハタ *Epinephelus polyphekadion*, N：マハタ *E. septemfasciatus*, O：マハタモドキ *E. octofasciatus*, P：ヤイトハタ *E. malabaricus*.
写真提供：(独)水産総合研究センター（FRA）(M), 神奈川県立生命の星地球博物館（瀬能　宏撮影）(N～P).

口絵2　骨，筋肉の可視化（4章：52ページ）
アリザリンレッド・アルシアンブルーによる硬骨・軟骨染色例.

口絵3　スジアラ（真っ赤な天然魚）（8章：117ページ）

水産学シリーズ

181

日本水産学会監修

ハタ科魚類の水産研究最前線

征矢野 清・照屋和久・中田 久 編

2015・3

恒星社厚生閣

まえがき

　ハタ科魚類（口絵1-1，1-2）は，世界各地の温帯域から熱帯域に広く分布し，非常に美味であることから，高級食材として取引されている．とくに，東アジア・東南アジア諸国では，中華料理の食材として欠くことのできない魚である．近年，わが国においても，和食の重要食材として注目され，人気も高まりつつある．このような需要を背景に，現在では重要な海面漁業対象種として，盛んに増養殖が進められている．しかし，本科魚種は初回成熟まで時間がかかる，雌性先熟型の性転換をする，産卵集群を形成するなど，特徴的な繁殖様式をとることから，安定的な種苗生産の確立にあたり解決すべき多くの問題を抱えていた．近年，本科魚種の繁殖特性を考慮した新たな種苗生産技術の開発が積極的に進められ，科学的に裏付けられた種苗生産の実施が可能となりつつある．
　また本科魚種は，沿岸生態系において上位に位置する魚種であることから，海洋環境の保全・回復の観点からも重要視されている．天然海域における漁獲量の増加により，沿岸生態系全体に及ぼす影響が懸念されている．最近では，本科魚種の仔稚魚形態や移動回遊など生活史にかかわる研究や，配偶子形成や産卵行動など繁殖にかかわる研究が急速に進み，多くの興味深い生物学的特徴が明らかとなりつつある．現在，これらの情報を利用し，ハタ科魚類の持続的利用に向けた天然資源の保全・回復を目指す取り組みが開始されている．
　このように，ハタ科魚類はわが国の水産業においてきわめて重要な魚種であり，また，今後の水産業の活性化の一翼を担う魚種であるが，ハタ科魚類の繁殖にかかわる最新の生理生態学的情報および種苗生産の最前線情報を理解し，種苗生産・養殖・資源管理を戦略的に進めるための討議を行う場がなかったことから，平成26年度日本水産学会春季大会において，「ハタ科魚類の繁殖の生理生態と種苗生産」と題したシンポジウムを企画した．本書は，水産学会における講演を，I. ハタ科魚類の増養殖を支える科学，II. ハタ科魚類の増養殖技術の最新情報，III. ハタ科魚類増養殖の今後を考える，の3項目に整理し，大学や水産研究機関の研究者や技術者はもとより，種苗生産や増養殖に携わる養殖業者，また，水産学を学ぶ学生諸君に，現在実施されているハタ科魚類を対象とした増養殖事

業の情報を提供するとともに，今後の課題・問題点を提示することを目的として編集されている．本書が少しでもわが国の水産研究の助けになれば，編者としてはこのうえない幸せである．

　なお，本書では学名が *Epinephelus septemfasciatus* から *Hyporthodus septemfasciatus* に変更されたマハタについて，学名の決定に関する論議が続いていることもあり，混乱を防ぐためこれまでの論文や報告書で使用されている学名 *Epinephelus septemfasciatus* を使用することとした．

　　2014 年 10 月 1 日

征矢野　清
照屋　和久
中田　久

ハタ科魚類の水産研究最前線
目次

まえがき……………………………………（征矢野　清・照屋和久・中田　久）

I. ハタ科魚類の増養殖を支える科学

1章　生殖の科学
………………………（泉田大介・小林靖尚・征矢野　清）…………9

§1. 初回成熟と年齢／体サイズの関係（*10*）　§2. 性転換とその制御（*11*）　§3. 生殖腺発達と最終成熟（*14*）

2章　仔稚魚における行動と生態の科学
………………………………（河端雄毅・阪倉良孝）…………*21*

§1. 行動発達と生態（*22*）　§2. 行動発達と種苗生産（*26*）

3章　初期減耗の科学
………………………………（與世田兼三・照屋和久）…………*34*

§1. 内部栄養の吸収過程と初期発育（*35*）　§2. 仔魚の摂餌，成長，および生残に及ぼす初回摂餌の影響（*37*）　§3. 初期生残を向上させるにはどうすればよいか（*42*）　§4. 今後の課題と展望（*44*）

4章　形態異常の科学
………………………………（宇治　督・中田　久）…………*47*

§1. 形態異常の出現状況（*48*）　§2. 形態異常の可視化・評価手法（*51*）　§3. 前彎症軽減への取り組み（*55*）

5章　ウイルス疾病の科学
………………………（森　広一郎・佐藤　純・米加田　徹）…………*65*

§1. ウイルス性神経壊死症の感染経路と防除対策（*65*）

§2. 種苗生産過程のウイルス性神経壊死症防除技術の開発（70）
　　§3. 育成過程の水平感染防除技術の開発（74）
　　§4. 今後の課題（77）

II. ハタ科魚類の増養殖技術の最新情報

6章 最新種苗生産技術・養殖技術と問題点
　　～クエ・マハタを例として～
　　　　　　　　　　……………（中田　久・土橋靖史・辻　将治）………81
　　§1. 親魚養成・採卵技術（82）　§2. 仔稚魚の生残率向上技術（87）　§3. 養殖技術（92）　§4. クエ・マハタ養殖産業の展望（94）

7章 種苗放流への取り組みと問題点
　　～キジハタを例として～
　　　　　　　　　　　　　　　　　……………（南部智秀）………96
　　§1. 放流調査（97）　§2. 放流場所の決定（99）　§3. 放流サイズ（104）　§4. 放流技術の確立に向けた今後の方向性と問題点（105）　§5. 資源管理（106）　§6. 資源管理の今後の方向性と問題点（107）

8章 ハタ科魚類の新たな養殖と戦略
　　～スジアラを例として～
　　　　　　　　　　　　　……………（武部孝行・照屋和久）………109
　　§1. 親魚養成および採卵技術開発～スジアラの産卵は"月"任せ？～（110）　§2. 種苗生産技術の開発（110）　§3. 疾病の発生とその対策（116）　§4. 今後の課題と展望～スジアラを真の"アカジン（銭）"にするために～（117）

III. ハタ科魚類増養殖の今後を考える

9章 種苗生産技術の高度化に向けて
　　　　　　　　　　……………………（征矢野　清・中田　久）………125
　　§1. 親魚の安定的な確保（126）　§2. 質の高い受精卵の安定的確保技術（128）　§3. 高付加価値種苗の生産技術～早期採卵・周年採卵・若齢産卵～（134）　§4. 今後の展望（136）

10章 海外展開を視野に入れた戦略的生産
　　～これからのハタ科魚類養殖と資源管理に必要なこと～
　　　　　　　　　　……………………（照屋和久・阪倉良孝）………140
　　§1. わが国の増養殖におけるハタ科魚類の位置付け（140）　§2. 世界のハタ科魚類漁獲量と養殖生産量（141）　§3. 天然魚，天然種苗依存からの脱却の必要性（142）　§4. ハタ科魚類の増養殖戦略（144）　§5. 海上養殖か，陸上養殖か（146）　§6. 付加価値の高い養殖魚を目指して～海外を視野に～（148）　§7. 今後の展望（149）

Frontiers of Fisheries Science in Groupers

Edited by Kiyoshi Soyano, Kazuhisa Teruya and Hisashi Chuda

Preface Kiyoshi Soyano, Kazuhisa Teruya and Hisashi Chuda

I. Biological background for aquaculture and stock enhancement of groupers
   1. Reproductive biology of groupers
       Daisuke Izumida, Yasuhisa Kobayashi and Kiyoshi Soyano
   2. Behavior and ecology of grouper in the early life stages
       Yuuki Kawabata and Yoshitaka Sakakura
   3. Early mass mortality of groupers   Kenzo Yoseda and Kazuhisa Teruya
   4. Malformation of groupers   Susumu Uji and Hisashi Chuda
   5. Viral diseases of groupers
       Koh-Ichiro Mori, Jun Satoh and Tohru Mekata

II. State of the art in aquaculture and stock enhancement of groupers
   6. Technique and issues of seed production and aquaculture in the longtooth grouper and the sevenband grouper
       Hisashi Chuda, Yasushi Tsuchihashi and Masaharu Tsuji
   7. Technique and issues on the release of hatchery-produced seed of the red spotted grouper   Tomohide Nambu
   8. Larviculture and aquaculture technology and new aquaculture strategy of the leopard coral grouper   Takayuki Takebe and Kazuhisa Teruya

III. Future of grouper production
   9. Future research for seed production of grouper
       Kiyoshi Soyano and Hisashi Chuda
   10. Future prospects for stock enhancement and aquaculture of grouper
       Kazuhisa Teruya and Yoshitaka Sakakura

I. ハタ科魚類の増養殖を支える科学

1章　生殖の科学

泉田大介[*1]・小林靖尚[*2]・征矢野　清[*1]

　ハタ科魚類は，雌から雄へと性転換する雌性先熟型の生殖様式をもつ魚類で温帯から熱帯に広く分布する．本科魚類は美味であることから市場価格が非常に高く「超高級魚」とされる．そのためハタ科魚類の資源増大が強く望まれており，世界各国（とくに東アジア諸国）において本科魚類の種苗生産が盛んに行われている[1]．わが国では昭和50年代からハタ科魚類の増養殖に関する研究が開始され，現在ではキジハタ Epinephelus akaara，マハタ E. septemfasciatus，クエ E. bruneus，ヤイトハタ E. malabaricus，ナミハタ E. ongus，オオモンハタ E. areolatus，スジアラ Plectropomus leopardus の量産化事業が西日本各地で実施されており，種苗の供給が行われている[2]．このような背景のもと，ハタ科魚類に関する研究は世界各地で活発に行われており，現在一年当たり100報程度の論文が報告されている．しかし，これらの報告は仔稚魚の育成や魚病（主にウイルス性神経壊死症 Viral Nervous Necrosis）を研究対象としたものが多く，生殖腺がいつどのように発達するのか？　産卵がどのタイミングで行われるのか？　あるいは性転換はどの個体で起こるのか？などの生殖生理に関する研究は少ない．種苗生産の成否を決定するのは良質な受精卵の確保であることは自明であることから，その基礎となるハタ科魚類の生殖／繁殖に関する生理学的知見は重要である．

　そこで本章では，著者らの行った研究を中心にハタ科魚類の初回成熟と年齢／体サイズの関係，性転換，生殖腺発達および最終成熟について，種苗生産と関連付けて概説する．

[*1] 長崎大学大学院水産・環境科学総合研究科附属環東シナ海環境資源研究センター
[*2] 岡山大学理学部附属臨海実験所／共同利用拠点（UMI）

§1. 初回成熟と年齢／体サイズの関係

　動物がその一生のなかで初めて生殖能力を獲得する過程を初回成熟ないし春機発動期の到来（Puberty）と呼ぶ[3]．種苗生産に用いる親魚を養成するうえで対象魚種が何歳で，あるいはどの程度の体サイズで初回成熟を迎えるのかを明らかにすることは重要である．例えば，研究が進んでいるマアジ Trachurus japonicus では，初回成熟は体長に依存することが知られている[4]．一方，マーレーコッド Maccullochella peelii の初回成熟は，年齢により規定される[5]．しかしヒラメ Paralichthys olivaceus の場合では，年齢と体サイズがともに初回成熟に重要であるとされている[6]．このように魚種によって初回成熟の開始条件が異なることが知られているが，ハタ科魚類の初回成熟には年齢と体サイズのどちらが重要なのかは明らかにされていない．そこで著者らは沖縄県に生息する天然のカンモンハタ E. merra を西表島，石垣島および瀬底島の三地域において捕獲し，生殖腺の発達状態と体サイズおよび年齢を調査した．その結果，カンモンハタの体サイズは調査点によって異なることが明らかになった（表1・1，石垣島＝瀬底島＞西表島）．また，体サイズが異なるにもかかわらず，すべての調査地点においてカンモンハタの初回成熟は2歳で起きていることが明らかになった．同様の結果はクエにおいても得られている（3歳で初回成熟）[*3]．以上の結果からハタ科魚類の初回成熟は体サイズよりも年齢によって決定されることが示唆

表1・1　沖縄県の三地域におけるカンモンハタの初回成熟時の平均標準体長および成熟個体の年齢組成

調査海域	性別	初回成熟(2歳)時の平均標準体長	年齢（歳）							
			2	3	4	5	6	7	8	9	10 以上
西表島	雌	112.1 mm[a]	11	22	14	4					
	雄				4	7	5	7	1		3
石垣島	雌	154.8 mm[b]	6	6	7	5	1				
	雄				1	7	2				
瀬底島	雌	145.1 mm[b]	7	16	7	3	3				
	雄				1	2	1	2	1		

雌では第三次卵黄球期の卵母細胞が確認された個体を，雄では精子形成が確認された個体をそれぞれ成熟個体とした．異なるアルファベットは有意差を示す（t-test, $P < 0.05$）．

[*3] 征矢野，中川，未発表

された.しかしながらわれわれの結果と異なり,クエは4歳で初回成熟するとの報告もある[7].また,体サイズが視床下部～脳下垂体～生殖腺系のホルモン分泌を左右するとの報告もある[8].当然ながら天然とは異なる環境で飼育した場合,その飼育環境によって親魚の生理状態が異なる可能性がある.このような初回成熟に関する研究結果の違いは,飼育環境の違いを反映しているのかもしれない.いずれにしても,初回成熟を制御することは小型親魚を用いた効率的な種苗生産に直結するため,ハタ科魚類の初回成熟開始のメカニズムを詳細に解析することの意義は大きい.

§2. 性転換とその制御
2・1 雄への性転換

前述の通りハタ科魚類は雌から雄へと性転換する生殖様式をもち[9],発生初期過程においてすべての個体は最初に雌へと性分化する[10].その後,成長すると性転換を行い雄になる.このように雌雄異体の養殖対象魚とは異なる生殖様式をもつことから,ハタ科魚類の種苗生産では「親魚の性」が問題とされる.例えば,集めた親魚のなかに雄が含まれていなかったり,雌親魚の大半が雄に性転換し,雌親魚数が不足するといった問題が起こる.とくに雄の親魚が得られない場合は,種苗生産を施行することが不可能になることから,その対策が必要となる.この問題を解決するには,ハタ科魚類の雌親魚を雄へと人為的に性転換させる技術が有効となる.

ハタ科魚類の性転換の生理メカニズムに関しては成書を参照されたいが[11],雌から雄への性転換時に見られる生殖腺の劇的な変化は,雄性ホルモンの増加が引き金になっている.そのためハタ科魚類の雌から雄への性転換のコントロールは,雌の親魚に雄性ホルモンを投与することによって行われる.現在報告されているハタ科魚類の人為的性転換誘導の例を表1・2にまとめた[12-26].これまでのところハタ科魚類の性転換の誘導に最も多用されているホルモンは,合成雄性ホルモンの17α-Metyltestosterone(MT)である.MTによる性転換誘導は概ね良好な結果を示している.しかしながら最近MTによる性転換誘導では,性転換誘導率が低い,長期間投与を必要とする,不完全な精巣が誘導される,排精量が少ないなどの様々な問題点が指摘されている[27].そこで,著者らは内因

表1・2　ハタ科魚類のホルモン投与による性転換誘導例

種名	投与するホルモン（濃度）	投与方法	参考文献
マハタ	MT (1 mg/kg BW/日)	経口	塚島ら (1983) [12)]
	MT (1 mg/尾もしくは4 mg/尾)	インプラント	
	MT (1-1.3 mg/kg BW)	インプラント	土橋ら (2003) [13)]
	MT (10 mg/kg 飼料/日)	経口	
クエ	MT (1 mg/kg BW/日)	経口	塚島ら (1984) [14)]
キジハタ	AI letrozole (5 mg/kg BW)	インプラント	Li et al. (2005) [15)]
	ADSD (100 μg/g BW もしくは 10 μg/g BW)	インプラント	Shu et al. (2006) [16)]
	MT (2 mg/kg BW/日)	経口	Wang et al. (2004) [17)]
	MT (10 mg/kg BW)	インプラント	
	MDHT (10 mg/kg BW)	インプラント	Li et al. (2006) [18)]
	MT (10 mg/kg BW) および AI (1 mg/kg BW)	インプラント	
チャイロマルハタ	MT (1.0 mg/kg BW)	インプラント	Yeh et al. (2003) [19)]
	雄性ホルモン混合物 (T, MT および TP を同割合で混合) (1.0 mg/kg BW)	インプラント	
ヤイトハタ	Androgen mixture (27%MT, 49%T, 17%TP および 7%Thyronine)	インプラント	Zou et al. (2003) [20)]
カンモンハタ	AI fadrozole (1000 μg/尾)	インプラント	Bhandari et al. (2004a) [21)]
	AI fadrozole (1 もしくは10 mg/尾)	インプラント	Bhandari et al. (2004b) [22)]
	11-KT (10 mg/kg BW)	インプラント	Bhandari et al. (2006) [23)]
	AI fadrozole (1 mg/尾)	インプラント	Alam et al. (2006) [24)]
Blue-spotted grouper	MT (0.5 もしくは 1 mg/kg BW/日)	経口	Kuo et al. (1988) [25)]
Dusky grouper	MT (1.5 mg/尾, 約11.5 mg/kg BW) および月1回のHCG 6000 IU/kg BW 注射	インプラント	Sarter et al. (2006) [26)]

MT：17α-Methyltestosterone，AI：Aromatase inhibitor，ADSD：4-Androstene-3,17-dine，MDHT：17α-Methyltdihydroestosterone，T：Testosterone，11-KT：11-Keto-testosterone，TP：Testosterone propionate，HCG：Human chorionic gonadotropin，BW：Body weight.

性の雌性ホルモンの合成を阻害する薬剤（AI：Aromatase inhibitor, Fadrozole）を用いた新たなハタ科魚類の性転換誘導技術を開発した．カンモンハタを用いてこの新技術の有効性を解析した結果，短い投与期間（産卵期において3週間）で，雌から雄へほぼ100％の確率で性転換を誘導することに成功

した[24].

また現在，著者らはハタ科魚類の性のコントロールに関して新たな二つの手法の開発に着手しているので下記に紹介する．

2・2 逆方向（雄から雌へ）の性転換誘導

西日本に多く生息するキジハタは，親魚養育中に多くの雌がサイズや年齢にかかわらず性転換し，親魚の性比が大きく雄へと偏る．そのため，2014年4月に山口県が発行した「栽培漁業のてびき（改訂版）キジハタ」では，キジハタの親魚は三年ごとに更新することを推奨している[28]．加えて放流種苗生産の場合では，遺伝的多様性確保の視点から親魚を頻繁に更新することが求められるが，常に親魚が得られるとは限らない．そのためキジハタの雄を雌に戻す逆方向の性転換誘導技術の開発が求められている．そこで著者らは，大量に実験に供することが可能なカンモンハタを用いて，雄に雌性ホルモンであるEstradiol-17β（E_2）と抗-雄性ホルモン薬であるフルタミドを同時投与し，逆方向の性転換が誘導可能か検討した．その結果，ホルモン投与により未熟な卵母細胞の誘導には成功したが，完全な逆方向の性転換は誘導できなかった[*4]．この実験から，ハタではいったん雄に性転換した個体を機能的な雌に再び戻すことは困難であると考えられた．しかしながらこれまでに，キジハタの雄が養成中に雌へと性転換したとの報告[29]もあることから，ハタ科魚類の雄には，再度雌へと性転換できる可塑性が残されていると推察している．体サイズの大きな雄を雌に性転換させることにより採卵量の増大が期待されるため，今後さらなる手法の開発が必要であると考えている．

2・3 幼魚の早期性転換の誘導

ハタ科魚類は種によっては非常に大型となることから，親魚の養成に多大な労力がかかる．そのため体サイズの小さな親魚の作出は，現場の負担軽減につながり種苗生産の効率化に寄与する．そこで著者らは初回成熟を迎える前のヤイトハタの雌幼魚（孵化後120日）にホルモン処理（MT）を施し，小型の雄親魚が作出可能か検討した．その結果，活発な精子形成が誘導されたことから，ヤイトハタの小型雄親魚はホルモン投与により作出可能であることが明らかとなった[30]．他のハタ科魚類（*E. suillus*）においても同様の報告がなされてい

[*4] 小林，未発表

る[31]．しかしながら最近ホルモン投与によって性転換させた小型雄が，投与を終了してからしばらくすると再びもとの性（雌）に逆戻りすることが明らかになった[32]．今後，性転換させた小型雄親魚の性を固定化させる技術の開発を行う必要があると考えている．

§3. 生殖腺発達と最終成熟
3・1 卵黄形成と最終成熟

ハタ科魚類の生殖腺発達は，成熟開始の引き金が引かれてから最初の産卵まで1～2ヶ月かけて進行し，産卵に必要な配偶子を形成する．とくに雌の場合は卵黄蓄積に時間を要するが，その過程はこれまでに報告されている魚種と同様である[33]．雌の卵黄蓄積は脳下垂体から分泌される生殖腺刺激ホルモン（GTH：Gonadotropin）の刺激によって進行する．GTHには濾胞刺激ホルモン（FSH：Follicle-stimulating hormone）と黄体形成ホルモン（LH：Luteinizing hormone）があり，サケ科魚類などではFSHは卵黄形成に，LHは最終成熟の誘導に作用することが知られているが，多くの海産魚類では両者の働きは明確に分かれていない．しかし，ハタ科魚類ではLHが卵黄形成から最終成熟までの一連の過程を制御しており，FSHは雄の精子形成に働くと考えられる[34]．

卵黄形成とは，GTHの作用により卵巣で合成されたE_2が肝臓に作用することによって合成される卵黄タンパク質前駆物質のビテロジェニン（VTG：Vitellogenin）が卵母細胞に取り込まれる現象である（図1・1）．VTGは卵母細胞への取り込みに際して分解され，卵黄タンパク質として蓄積される．この卵黄タンパク質こそ受精後の胚発生や孵化仔魚の初期栄養として利用される物質である．卵黄蓄積が十分に完了した卵母細胞は，排卵に向けて最終成熟過程に移行するための能力（卵成熟能）を獲得しなればならない．最終成熟とは卵核胞の動物極への移動と崩壊，吸水を伴う卵黄顆粒と油球の融合など，排卵に向けての卵母細胞における一連の生理変化である．この現象は，脳下垂体からこの時期に一過的に分泌される大量のLHによって誘導される最終成熟誘起ホルモン（MIH：Maturation-inducing hormone）の働きによって進行するが，雌における卵成熟能とは卵母細胞におけるMIH感受性の獲得を指す．これら，卵母細胞の卵黄形成から最終成熟までの一連の生理作用の詳細については，専門書

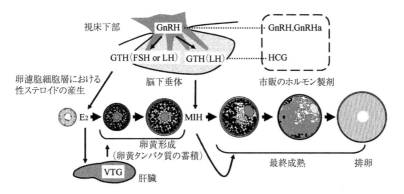

図1・1 魚類の卵形成過程
GnRH：生殖腺刺激ホルモン放出ホルモン（Gonadotropin-releasing hormone），GTH：生殖腺刺激ホルモン（Gonadotropin），FSH：濾胞刺激ホルモン（Follicle-stimulating hormone），LH：黄体形成ホルモン（Luteinizing hormone），E_2：雌性ホルモン（Estradiol-17β），VTG：卵黄タンパク質前駆物質（Vitellogenin），MIH：最終成熟誘起ホルモン（Maturation-inducing hormone），GnRHa：GnRHアナログ，HCG：ヒト絨毛性生殖腺刺激ホルモン（Human chorionic gonadotropin）．

を参照されたい[33]．

3・2 成熟を左右する環境要因

現在種苗生産の対象とされているハタ科魚類は，マハタ，クエ，キジハタなどの北方系と，アカハタ E. fasciatus，スジアラ，ヤイトハタなどの南方系に大別される．

北方系のマハタでは，日長と水温の両方を操作することによって生殖腺発達および成熟を制御し，早期採卵を行うことが可能である[35]．また，マハタの卵巣の発達過程を組織学的に観察したところ，水温上昇が始まる2月以降に卵母細胞の発達が開始され，4月から5月にかけて急速に卵黄蓄積が進行した（図1・2）[36]．しかし，この時期と同じ水温帯であっても日長が短日化する秋季には

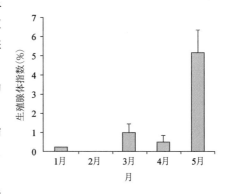

図1・2 人工環境下で飼育したマハタの生殖腺体指数（GSI）の変化

生殖腺の発達は見られないことから，北方系ハタ科魚類の生殖腺発達および産卵は水温と日長の影響を両方受けていることがわかる．

一方で，南方系ハタ科魚類のアカハタでは，水温を制御することで周年採卵が可能である[37]．また，ヤイトハタでは加温して飼育することで早期採卵が可能であることから[38]，生殖腺発達および産卵は水温に強く依存しており，日長の影響は受けにくいと想像できる．しかしながら，同じ南方系ハタ科魚類のカンモンハタにおいては，日長および水温の操作とホルモン投与を併用することによって，非産卵期に成熟を誘導することに成功しており[39]，一概に日長の影響がないとは断定できない．

ハタ科魚類における環境要因と生殖腺発達および産卵の関係を示す情報はこの程度であるが，産卵周期に関しては多くの情報がある．南方系のハタ科魚類の多くが，月周産卵を行うという．カンモンハタは満月直後に[40]，ナミハタは下弦の月の直後[41]に産卵する．このようにハタ科魚類の生殖腺発達および産卵と環境要因の関係は魚種ごとに異なる．そのため，適切な親魚養成および効率的な採卵技術の開発を行うためには，対象種の生殖・産卵周期と環境影響を十分に把握しておかなければならない．

3・3 雌の最終成熟とフェロモンによる雌雄間コミュニケーション

ハタ科魚類のなかには飼育環境下で産卵を行わない種が存在する（9章参照）．これは，飼育環境が親魚の産卵行動あるいは生殖内分泌機構を阻害しているものと考えられる．ハタ科魚類の産卵を制御しているのは物理的な飼育環境ばかりではない．ヤイトハタは飼育環境下で自然産卵を行うが，雌のみで養成すると成熟・排卵の進行が阻害された[42]．これは，雌の成熟・排卵の誘導には雄の存在が重要であることを示している．そこで著者らは，ハタ科魚類は産卵に先立ち雌雄間で何らかのコミュニケーションを行うのではないかと仮説を立て，カンモンハタを用いて飼育実験を行った．

産卵期に雌雄を別々の水槽に分け，成熟雄の飼育水を成熟雌の水槽に注水することによって，成熟・排卵を誘導する雌雄間の化学的コミュニケーション（フェロモン）が存在するか否かを調べた（図1・3）．その結果，成熟雄の飼育水を注水した水槽の成熟雌では最終成熟が進行し排卵が行われたが，成熟雄の飼育水の影響のない対照群ではほとんどの個体が排卵まで至らなかった（図1・4）．こ

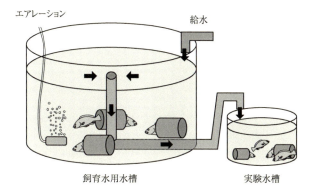

図1・3 飼育実験によるカンモンハタの産卵期における雌雄間コミュニケーションの検討
矢印は飼育水の流れを示す．上流の飼育水用水槽に成熟雄もしくは成熟雌を収容し，それらの飼育水を注水した実験水槽で成熟雌を飼育した．成熟雄の飼育水と成熟雌の飼育水を注水した水槽の雌における生殖腺の発達を比較観察した．

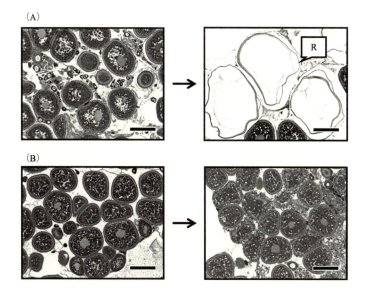

図1・4 成熟雄の飼育水を注水して飼育した雌のカンモンハタにおける卵母細胞の変化
(A)：雄の飼育水を注水して飼育した雌の卵母細胞．最終成熟が誘導され完熟期(R)の卵母細胞が出現した．(B)：雄の飼育水の影響を受けていない雌の卵母細胞．最終成熟は誘導されない．スケールバーは400 μm．

の結果からカンモンハタでは雌の成熟・排卵誘導に雄からのフェロモンが必要であることがわかった. しかし, 未だフェロモン物質の同定には至っていないことから, 今後はフェロモン物質の特定と雌雄間の化学的コミュニケーションのより詳細なメカニズムを解析する必要がある.

　このようなハタ科魚類の成熟・産卵に強く影響する産卵特性を理解することは, 受精卵確保の効率化・安定化につながるため, 積極的に研究を進める必要がある.

文　献

1) Jawad LA. Groupers of the world: A field and market guide. *Mar. Biol. Res.* 2012; 8: 912-913.
2) 平成24年度 栽培漁業・海面養殖用種苗の生産・入手・放流実績（全国）～総括編・動向編～. 独立行政法人水産総合研究センター. 2014.
3) Okuzawa K. Puberty in teleosts. *Fish Physiol. Biochem.* 2002; 26: 31-41.
4) 西田　宏. マアジとマイワシの繁殖生態. 水産総合研究センター研究報告 2006; 別冊 4: 113-118.
5) Rowland SJ. Aspects of the reproductive biology of Murray cod, *Maccullochella peelii peelii*. *Proc. Linn. Soc. N. S. W.* 1998; 120: 147-161.
6) 竹野功璽, 濱中雄一, 木下　泉, 宮嶋俊明. 若狭湾西部海域におけるヒラメの成熟. 日水誌 1999; 65: 1023-1029.
7) 辻　将治, 栗山　功, 羽生和宏, 津本欣吾, 田中秀樹, 糟屋　亨.「三重のマハタ」高品質・早期安定種苗生産技術開発事業－Ⅱ 性転換, 成熟促進技術開発. 平成17年度三重県水産研究所事業報告, 三重県水産研究所. 2006; 123-124.
8) Ryu YW, Hur SW, Hur SP, Lee CH, Lim BS, Lee YD. Characterization of pubertal development phases in female longtooth grouper, *Epinephelus bruneus* via classification of bodyweight. *Dev. Reprod.* 2013; 17: 55-62.
9) Kobayashi Y, Nagahama Y, Nakamura M. Diversity and plasticity of sex determination and differentiation in fishes. *Sex. Dev.* 2012; 7: 115-125.
10) Murata R, Karimata H, Alam MA, Nakamura M. Gonadal sex differentiation in the Malabar grouper, *Epinephelus malabaricus*. *Aquaculture* 2009; 293: 286-289.
11) 小林靖尚. 性転換と行動 生理学的側面.「水産学シリーズ176 魚類の行動研究と水産資源管理」（棟方有宗, 小林牧人, 有元貴文編）恒星社厚生閣. 2013; 79-88.
12) 塚島康生, 北島　力. メチルテストステロン経口投与によるマハタの雄性化の促進. 長崎県水産試験場研究報告 1983; 9: 55-57.
13) 土橋靖史, 田中秀樹, 黒宮香美, 柏木正章, 吉岡　基. マハタ雄性化のためのホルモン投与法の検討. 水産増殖 2003; 51: 189-196.
14) 塚島康生, 吉田範秋. メチルテストステロン経口投与によるクエの雄性化促進. 長崎県水産試験場研究報告 1984; 20: 101-102.
15) Li GL, Liu XC, Lin HR. Aromatase inhibitor letrozole induces sex inversion in the protogynous red spotted grouper (*Epinephelus akaara*). *Acta Physiol. Sin.* 2005; 57: 473-

16) Shu H, Zhang Y, Liu XC, Li GL, Lin HR. Effects of ADSD implantation on endocrine and gonadal development in red-spotted grouper *Epinephelus akaara*. *Acta Zool. Sin.* 2006; 52: 316-327.

17) Wang Y, Zhou L, Yao B, Li CJ, Gui JF. Differential expression of thyroid-stimulating hormone β subunit in gonads during sex reversal of orange-spotted and red-spotted groupers. *Mol. Cell. Endocrinol.* 2004; 220: 77-88.

18) Li GL, Liu XC, Lin HR. Effects of aromatizable and nonaromatizable androgens on the sex inversion of red-spotted grouper (*Epinephelus akaara*). *Fish Physiol. Biochem.* 2006; 32: 25-33.

19) Yeh SL, Kuo CM, Ting YY, Chang CF. Androgens stimulate sex change in protogynous grouper, *Epinephelus coioides*: spawning performance in sex-changed males. *Comp. Biochem. Physiol. C Toxicol. Pharmacol.* 2003; 135; 375-382.

20) Zou JX, Tao YB, Xiang WZ, Hu CQ, Lin JS, Zhang ZR. Histological evidence and mechanism in artificial inducement of sex reversal of the grouper, *Epinephelus malabaricus*. *High Technol. Lett.* 2003; 13: 81-86.

21) Bhandari RK, Komuro H, Higa M, Nakamura M. Sex inversion of sexually immature honeycomb grouper (*Epinephelus merra*) by aromatase inhibitor. *Zool. Sci.* 2004; 21: 305-310.

22) Bhandari RK, Higa M, Nakamura S, Nakamura M. Aromatase inhibitor induces complete sex change in the protogynous honeycomb grouper, *Epinephelus merra*. *Mol. Reprod. Dev.* 2004; 67: 303-307.

23) Bhandari RK, Alam MA, Soyano K, Nakamura M. Induction of female-to-male sex change in the honeycomb grouper (*Epinephelus merra*) by 11-ketotestosterone treatments. *Zool. Sci.* 2006; 23: 65-69.

24) Alam MA, Bhandari RK, Kobayashi Y, Soyano K, Nakamura M. Induction of sex change within two full moons during breeding season and spawning in grouper. *Aquaculture* 2006; 255: 532-535.

25) Kuo CM, Ting YY, Yeh SL. Induced sex reversal and spawning of blue-spotted grouper, *Epinephelus fario*. *Aquaculture* 1988; 74: 113-126.

26) Sarter K, Papadaki M, Zanuy S, Mylonas CC. Permanent sex inversion in 1-year-old juveniles of the protogynous dusky grouper (*Epinephelus marginatus*) using controlled-release 17α-methyltestosterone implants. *Aquaculture* 2006; 256: 443-456.

27) Kobayashi Y, Murata R, Nakamura M. Physiological and endocrinological mechanisms of sex change in the grouper. In: Senthilkumaran B. (ed). *Sexual plasticity and gametogenesis in fishes*, Nova Science Pub. Inc. 2013; 221-234.

28) 栽培漁業のてびき（改訂版）キジハタ. 山口県. 2012.

29) 田中秀樹, 広瀬慶二, 野上欣也, 服部圭太, 石橋矩久. キジハタの性成熟と性転換. 養殖研究所研究報告 1990; 17:1-15.

30) Murata R, Karimata H, Alam MA, Nakamura M. Precocious sex change and spermatogenesis in the underyearling Malabar grouper *Epinephelus malabaricus* by androgen treatment. *Aquac. Res.* 2010; 41: 303-308.

31) Tan-Fermin JD, Garcia LMB, Castillo AR. Induction of sex inversion in juvenile grouper, *Epinephelus suillus*, (Valenciennes) by injections of 17α-methyltestosterone. *Japan J. Ichthyol.* 1994; 40: 413-420.

32) Murata R, Kobayashi Y, Karimata H, Kishimoto K, Kimura M, Nakamura M. Transient sex change in the immature malabar grouper, *Epinephelus malabaricus*, by

androgen treatment. *Biol. Reprod.* 2014; 91 (1): 25: 1-7.
33) 小林牧人, 足立伸次. 生殖. 「魚類生理学の基礎」(会田勝美編) 恒星社厚生閣. 2002; 155-184.
34) Kobayashi Y, Alam MA, Horiguchi R, Shimizu A, Nakamura M. Sexually dimorphic expression of gonadotropin subunits in the pituitary of protogynous honeycomb grouper (*Epinephelus merra*): evidence that follicle-stimulating hormone (FSH) induces gonadal sex change. *Biol. Reprod.* 2010; 82: 1030-1036.
35) 土橋靖史, 高島暢子, 栗山 功, 羽生和宏, 辻 将治, 津本欣吾. 水温および日長調整によるマハタの9月採卵. 水産増殖 2007; 55: 395-402.
36) Ni Lar Shein, Chuda H, Arakawa T, Mizuno K, Soyano K. Ovarian development and oocyte maturation in cultured sevenband grouper *Epinephelus septemfaciatus*. *Fish. Sci.* 2004; 70: 360-365.
37) 川辺勝俊, 加藤憲司, 木村ジョンソン. 小笠原諸島父島におけるアカハタ養成魚からの周年採卵. 水産増殖 2000; 48: 467-473.
38) 木村基文, 岸本和雄, 山内 岬. 大型ハタ類の採卵・種苗生産技術開発 ヤイトハタ種苗生産事業. 平成24年度沖縄県水産海洋研究センター事業報告書, 沖縄県水産海洋技術センター. 2013; 30.
39) Kanemaru T, Nakamura M, Murata R, Kuroki K, Horie H, Uchida K, Senthilkumaran B, Kagawa H. Induction of sexual maturation of the female honeycomb grouper, *Epinephelus merra*, in the non-breeding season by modulating environmental factors with GnRH analogue implantation. *Aquaculture* 2012; 358-359: 85-91.
40) 征矢野 清, 中村 將. 月周産卵魚カンモンハタの産卵関連行動. 「水産学シリーズ152 テレメトリー 水生動物の行動と漁具の運動解析」(山本勝太郎, 山根 猛, 光永 靖編) 恒星社厚生閣. 2006; 22-30.
41) 太田 格, 海老沢明彦. ナミハタの産卵集群形成と月周期および水温との関係. 平成20年度沖縄県水産海洋研究センター事業報告書, 沖縄県水産海洋技術センター. 2009; 28-35.
42) 木村基文, 狩俣洋文, 仲本光男, 呉屋秀夫. ヤイトハタの親魚養成・採卵と種苗生産の餌料培養. 平成18年度沖縄県水産海洋研究センター事業報告書, 沖縄県水産海洋技術センター. 2007; 215-218.

2章 仔稚魚における行動と生態の科学

河端雄毅[*1]・阪倉良孝[*2]

　ハタ科魚類の行動研究は主に成魚の生態と繁殖行動に集中していた．一方，ハタ科魚類の天然水域の初期生態に関する研究は，飼育を通じて得られる情報に比べて非常に少ないのが現状である．本科魚類は個体数（資源量）がもともと多くないことに加え，仔魚の体サイズが海産魚のなかでも小さいことや，仔魚期に特異な背鰭と腹鰭の伸長鰭条（棘条）を有すること，接岸回遊を経て着底稚魚（図2・1）となり沿岸に加入するまでの期間が他の暖海性魚類に比べて比較的長いことなどの特徴がある．したがって，野外調査が進まない理由は，調査対象の現存量が少ないうえに，調査すべき水域が広く，それに要する期間が長くなることに起因していると考えられる．

　仔魚期の分散・生残機構を明らかにすることは，海洋保護区などの資源管理策を決定するうえで重要な課題である．また，種苗生産現場においても，飼育初期の減耗率を低下させる方策を考えるうえで重要である．不確実性の高い分散・生残といった魚類の「生態」を理解するためには，より不確実性の低い「行動」，「形態」および「生理」を統合して研究することが有効なアプローチとなる．形態や生理がその種の性能（基本ニッチ）を決定し，その性能の範囲内で他生物との相互作用を介して行動が選択され，分布・生残（実現ニッチ）が決まるためである．

　そこで本章では，ハタ科魚類の生活史初期の行動に着目した．まず，ハタ科仔魚に特有である「伸長した棘条」に着目しながら，4つの生態形質（浮遊，受動輸送，遊泳，被食回避）を過去の文献から整理した．次に，これらの特異な行動研究が種苗生産技術開発にどのように応用されてきたかを述べる．

[*1] 長崎大学大学院水産・環境科学総合研究科附属環東シナ海環境資源研究センター
[*2] 長崎大学大学院水産・環境科学総合研究科

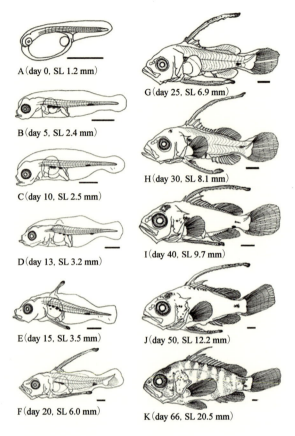

図2・1 マハタの初期発育(Sabate *et al.*[1]) より改変)
A：孵化仔魚，B〜D：前期仔魚，E・F：後期仔魚，G〜J：変態期仔魚，K：稚魚（着底）．図中のday は日齢，SLは標準体長を表し，スケールバーはA〜Eは0.5 mmを，F〜Kは1 mmをそれぞれ示す．

§1. 行動発達と生態

1・1 浮遊

　水中を静止する物体には，浮力と重力の2つの力が働く（図2・2）．また，水中を移動する物体には，この2つの力に加えて移動と逆向きの抗力が発生する（図2・2）．そのため，仔魚が浮遊性を保つためには，浮力・抗力のいずれかを増大させ，重力による沈降を防ぐ必要がある．浮力は，海水の密度を ρ，体積をV，

重力加速度を g とすると,

$$浮力 = \rho Vg \quad (式1)$$

と表すことができる．一方，下向きに働く重力は仔魚の質量を m，重力加速度を g とすると，

$$重力 = mg \quad (式2)$$

で表すことができる．ρVg（浮力）＞ mg（重力），すなわち m/V ＜ ρ の際には水中を浮上し，ρVg ＜ mg，すなわち m/V ＞ ρ であれば沈降する．よって，魚体の体密度（m/V）を測定し，海水の密度（ρ）と比較することで，仔魚が静止した場合に浮遊するか沈降するかを見積もることができる．一方，抗力は，抗力係数を C_D，体表面積を S，速度を U とすると，

$$抗力 = 0.5 C_D \rho S U^2 \quad (式3)$$

図2・2 水中の物体に作用する力

と表すことができる．ここで，C_D は流線型の場合に最も小さく，複雑な形態になるほど大きくなる．そのため，体表面積を大きくするとともに複雑な形態をもつことで，大きな抗力をもち，浮遊性を確保できる．

ハタ科仔魚の体密度（比重）を調べた例は少ないが，平田ら[2]がマハタ *Epinephelus septemfasciatus* とクエ *E. bruneus* 仔魚において，成長に伴う体密度の変化を報告している．この研究から，鰾が開腔（開鰾）しなかった場合，棘条の伸長とともに体密度が急激に増大することが明らかにされている（図2・3）．同様の結果は，ナミハタ *E. ongus* の仔魚でも明らかにされている[*3]．この結果から，平田らは，体密度の増大による沈下に対して，棘条による抗力の増大で浮遊性を確保しているのではないかと考察している[2]．しかし，4章と6章にあ

[*3] 山口ら，未発表

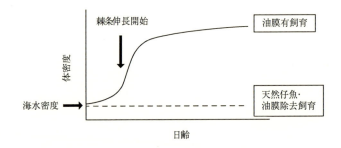

図2・3 油膜有飼育で生産された仔魚の体密度の変化と，予想される天然仔魚（油膜除去飼育）の体密度の変化の模式図
平田ら[2]，山口ら[*3]をもとに作成．

るように，近年の油膜除去飼育により，棘条の伸長開始とほぼ同時に鰾が開腔することが明らかになった．開鰾した個体は中性浮力に近い体密度をもつことから[2]，図2・3のように天然魚は仔魚期を通して海水密度に近い体密度を保ち，棘条の伸長にかかわらず浮遊性を維持していると考えられる．今後，発育に伴う体密度の変化を，油膜除去飼育で生産された個体を用いて明らかにする必要がある．

1・2 受動輸送

ある生物が流れに乗るか乗らないかは，抗力（式3）がかかわるため，その生物の形態（抗力係数：C_D）に大きく左右される．台風のときに傘をもっていることを想像するとよい．傘を閉じて先端を風上に向ければ，大きな風の力は感じない．しかし，傘を開き先端を風下に向けると，体ごと飛ばされてしまうほど大きな力を感じるであろう．これは傘の形態の変化により，C_Dが大きくなり，抗力が増大したためである．もちろん，遊泳力も流れに逆らうことができるかどうかを決定する因子であるため，受動輸送に大きくかかわってくるが，こちらについては次項で詳しく述べる．

筆者らは，ハタ科仔魚は長い棘条によって，自発的に抗力を調節し（流れに乗ったり乗らなかったりして），効率的に移動を行っているのではないかという仮説を立てて実験を行った[3]．まず，水槽内にゆっくりとした流れを作り，仔魚の行動をビデオ撮影した．その結果，遊泳時には棘条を閉じていて，流れに乗っているときや重力に任せて沈降する際には棘条を開いていることがわかった．次に，

コンピュータ上で仔魚の 3 次元形態モデルを作り,棘条を開いている状態(受動輸送時)と閉じている状態(遊泳時)で,数値流体力学解析を行った.その結果,棘条を開いていると,閉じているときに比べて,約 1.25 倍抗力が大きいことがわかった(図 2・4).また,尾部から流れを受けた方が,頭部から受けた場合よりも,少し抗力が大きいことがわかった(図 2・4).これらの結果は,ハタ科仔魚が,長い棘条を利用することで,ある程度能動的に流れに乗るか否かを決定できることを示唆している.今後,発育に伴って棘条の利用パターンと抗力がどう変化するかを遊泳力と併せて調べることで,ハタ科仔魚の分散機構の解明につながると考えられる.

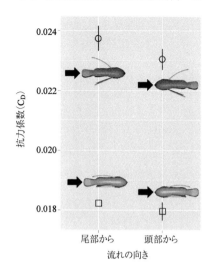

図 2・4 棘条を閉じたとき(遊泳時)と開いたとき(受動輸送時)の抗力係数の比較 矢印の向きは流れの向きを表す.(式3)の右辺のうち,抗力係数以外のパラメータは遊泳時と受動輸送時で一定のため,抗力係数が抗力の指標となる. Kawabata et al.[3) を改変.

1・3 遊泳

遊泳力は,着底場選択,被食回避,摂餌などにかかわるため,仔魚の生残・分散過程を考えるうえで大変重要な生態形質である.発育に伴うハタ科仔魚の遊泳力を調べた研究には,Leis et al. の研究[4] と Sabate et al. の研究[1] がある. Leis et al. は,ハタ科 3 種(チャイロマルハタ E. coioides,ヤイトハタ E. malabaricus,アカマダラハタ E. fuscoguttatus)を含む 9 種の仔魚の発育に伴う最大持続遊泳速度の変化を比較し,ハタ科仔魚が体長約 8 mm までは他魚種に比べて低い遊泳力を示すが,体長約 11 mm 以降には他魚種に比べて高い遊泳力を示すことを報告している[4]. Sabate et al. は,マハタの発育に伴う巡航遊泳速度の変化を調べ,仔魚期(前屈曲期・屈曲期・後屈曲期)には低い遊泳速度を示すが,変態期以降に高い遊泳速度を示すことを明らかにしている[1]. これらの低い遊泳力を示す時期は,棘条が伸長する時期と一致するため,Leis et al. は,

長い棘条による抗力の増大が，低い遊泳力を示す原因ではないかと考察している[4]．しかし，前項で述べたように，ハタ科仔魚は遊泳時に棘条を閉じて抗力を減少させることができる．そのため，棘条の存在自体は低い遊泳力の直接の原因ではないかもしれない．一方，同所的に存在するチャイロマルハタとアカメ *Lates japonicus*（アカメ科）の形態発育を比較した研究では，遊泳関連形態（尾鰭，脊椎骨，不対鰭，対鰭）の発達がアカメに比べてチャイロマルハタで遅いことが報告されている（アカメで18日齢以降，チャイロマルハタで35日齢以降）[5]．ただし，アカメにはハタ科のような長い棘条は見られない[5]．そのため，ハタ科魚類は，発育に要するエネルギーを棘条の伸長に優先的に投資する戦略のため，他の遊泳関連形態の発達が遅く，遊泳力が低いのかもしれない．今後，遊泳速度と遊泳関連形態・棘条長の関係を詳細に調べるとともに，棘条を閉じた状態とまったく棘条がない場合の抗力を比較することで，ハタ科仔魚が低い遊泳力を示す原因を明らかにすることが可能になるだろう．一方，変態期以降の高い遊泳力は，Sabate et al.[1] が考察しているように，着底場選択・縄張り防衛・被食回避・摂餌に有利な形質であると考えられる．

1・4 被食回避

被食回避には主に遊泳力と棘などの防御形態がかかわる[6]．Sabate et al.[1] は，仔魚期の低い遊泳力と長い棘条による高い被食回避能力の間にトレードオフの関係があるのではないかと考察している．ハタ科仔魚の被食回避を実際に調べた研究はほぼ皆無だが，野外でスジアラ *Plectropomus leopardus* 仔魚を目視観察した研究では，捕食魚が近づいた際に仔魚が棘条を広げることが確認されている[7]．また，伸長した棘をもつ動物プランクトン（ゾエア幼生など）の場合は，伸長した棘により被食率が低下することが水槽内の捕食実験により明らかにされている[8]．よって，被食回避に長い棘条が役立っている可能性は高い．今後，水槽実験などにより，ハタ科仔魚の被食回避行動を調べる必要がある．

§2. 行動発達と種苗生産

2・1 浮上死と沈降死～前期仔魚～

ハタ科魚類の種苗生産では，仔魚が表面張力に囚われて水面で死亡する「浮上死」[9]という現象が孵化後10日齢ごろまでみられ，仔魚が全滅することも少

なくなかった．浮上死を減らすために，水面に油脂を散布して油膜を形成させて仔魚の水面接触をなくす方法がとられてきたが[10]，4章に詳述されているように，仔魚の開鰾の阻害や水質悪化を誘導するという大きな問題が残る．前節で述べた通り，浮上死の見られる10日齢までのハタ科仔魚の巡航遊泳能力は低く，油膜形成なしに浮上死を軽減するためには，仔魚飼育水槽の水流を調節することが必須であると考えられた．著者らの研究グループは，1 kL水槽（パンライト水槽）を用いて，様々な流場を発生させて水槽内の流れを定量するとともに，10日齢までのマハタ仔魚の生残と成長を調べるという実験を繰り返した．このような試行錯誤のなかで生残や成長の高い流場を特定し，これらを公表してきた（例えば阪倉・萩原[11]）が，それらは「うまくいった場合」に限られている．本項では種苗生産現場での飼育のヒントになると思われるので,敢えて「失敗例」も含めて論述することとしたい．

まず，種苗生産でごく一般的に使われているエアストーンによる通気で水槽内に鉛直方向の循環流を形成する場合（図2・5A）について見てみる．この場合，通気量の大小の調節によって水槽内の流れを調節するのであるが，マハタの場合は1 kL水槽に対して200 mL／分の通気量で鉛直方向に最大8 cm／秒の流れが形成されており，このときに最も生残率が高くなるという結果が得られた[12]．これよりも通気量が低くても高くなっても仔魚の浮上死数は多くなり，さらに生残と摂餌状況は悪くなることも明らかになった．この結果をもとに，マハタ仔魚の餌のワムシサイズ選択性を詳細に調べることも可能となり[13]，同様の流速の鉛直流を100 kLの量産水槽で形成しても高い生残率が再現された[14]．

通気では，鉛直方向の流れが形成されるが，水柱を水平方向に動かす流れを形成するとどうなるだろうか？　水槽内にプロペラを設置して1分間に1回転程度のごく遅い回転を与えてみたが（図2・5B），数時間後に仔魚がすべてプロペラの下に集まって死亡した．プロペラの近傍の水流がごく強いということが明らかになったため，今度は図2・5Cのように円筒を回転させて水柱全体に一定の水平流を作るということを試した．ところが，この場合でも数時間後に仔魚がすべてドラムの下に集まって死亡した．浮上死防除以前の問題となり，マハタ仔魚が水平方向の流れに対して遊泳姿勢を保つことができなかったためと推察された．

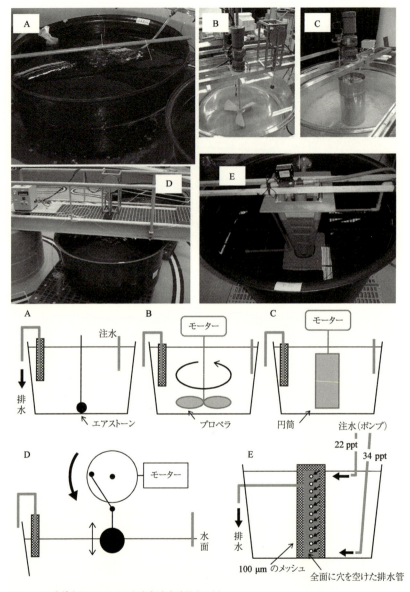

図2・5　1t水槽を用いたマハタ仔魚飼育実験設定の例
　　A：エアストーン1個を水槽底に設置した通常の飼育[12,13]，B：プロペラを使い水平方向の流れを作るための水槽，C：円筒を回転させることで一様な水平方向の流れを作るための水槽，D：造波水槽[15]，E：塩分勾配水槽[16]（水槽上部から低塩分水，水槽下部から高塩分水を連続注入する）．

ここまで紹介した飼育実験では油膜形成をし，1日当たり100％の換水を行った．油膜形成をすることなくマハタ仔魚の浮上死は抑制できないか，ということから考え出されたのが，図2・5Dの造波装置である．直径5cmのゴム球を水面で毎秒1回上下させることで水面に波を形成し，仔魚の水面接触を防ぐというアイデアである．この場合，マハタは浮上死することはなく，生残も油膜形成＋通気の場合と同等かそれ以上であることが明らかになった[15]．造波装置を設置した水槽には流れというよりも，上下の細かい振動（およそ1mm／秒）が水槽底面にまで到達していた．しかし，種苗生産業者から聞き取った話では，量産規模の大きな水槽で造波を試みたところ，うまくいかなかったとのことである．小型水槽ならではの飼い方なのかもしれない．

　マハタの浮上死防除の研究で試されたもう一つの例に，飼育水槽内に塩分勾配を作るという方法がある．塩分勾配を仔魚飼育水槽内に形成し，仔魚が自ら遊泳する塩分を選ばせる，というこの斬新なアイデアは，余語[16]の特許によるものであり，アユやヒラメで非常によい飼育結果が得られている．この方法により，最近ではオニオコゼの種苗生産でも高生残率のみならず発育が同期するということが報告されている[17]．しかしながら，マハタ仔魚を塩分勾配水槽（図2・5E）で飼育した場合，浮上死は見られないが，飼育初期にほぼ全滅してしまった．

　さらに，水槽の形状も浮上死に大きな影響を与えることがわかった．

　市販のポリカーボネート水槽を使い，飼育水量と通気量をそれぞれ100Lと50mL／分に統一して，直径（表面積）と水深，すなわちアスペクト比（AR＝水深÷水槽直径）の異なる水槽を設けてマハタの初期飼育を試みた．その結果，表面積が小さく水深の深い水槽（AR＝3.29）が，最も生残率が高く浮上死数は最も少なかった[18]．この水槽は，もともと微細藻類培養用に使用されていたものであるが，仔魚飼育にも十分効果的であるというのが興味深い．さらに，これらのアスペクト比の異なる水槽の流れを測定したところ，一般に魚類飼育に用いられている水槽（AR≒1）では鉛直断面に1層の循環流が形成されているのに対し，アスペクト比の高い水槽では上下2層の循環流が形成されて鉛直方向に8の字を描く対流となっていることがわかった[19]．仔魚の水槽内での行動をみてみると，アスペクト比の高い水槽では仔魚が水流で輸送されて水表面に

接触する時間が短いことがわかった．この実験当時はマハタ前期仔魚の生残率を高くすることに注力しており，棘条伸長期までの飼育や開鰾率までは調べていなかった．北島・塚原[20]は，マダイ仔魚を水槽2基に分け，通常の水深で飼育するものと，9日齢まで水深を浅くしてその後通常の水深に戻すものとに分けて稚魚になるまで飼育した．その結果，初期に水深を浅くした実験区のマダイの開鰾率は高くなったが，生残率は逆に低くなったことを報告している．この場合，マダイ仔魚はアスペクト比の低い水槽で飼うと死亡率が高くなることとなり，マハタの報告と一致する．仔魚の水面接触頻度の高くなるアスペクト比の低い水槽では，開鰾率が高くなるという現象はマハタでも十分想定されるが，今後，実験的な検証が必要である．

最近のハタ科魚類種苗生産で大きな問題となっているのは「沈降死」である．沈降死は主に夜間に起こり，浮上死と同様に孵化後10日齢ごろまでみられる．クロマグロ仔魚の沈降を詳細に観察した研究[21]から推察すると，仔魚が夜間に遊泳を停止して比重が増加することで水槽底に沈降し，受動的に流れのない部分に集められて酸欠で死亡したり，バクテリアフロックなどに絡まって死んでいくものと考えられる．前節で詳述したが，仔魚の開鰾がうまくいっていない場合に，夜間に遊泳行動が不活発になると，遊泳によって生じる揚力よりも体密度の方が優り，結果的に沈降が起きると思われる．おそらく，塩分勾配水槽でマハタ仔魚が全滅した原因もまた，仔魚の沈降死の可能性が高い．逆に，造波水槽の例は，浮上死だけでなく，水槽底での振動が仔魚の沈降を防除し，また，アスペクト比の高い水槽で飼育した事例では，その複雑な鉛直流が浮上死とともに沈降死の防除にも一役買ったのではないかと考えている．沈降死防除策の詳細については本書II編に譲るが，基本的には仔魚が夜間に沈降することに着目して，夜間に通気量を上げて仔魚を水柱に留まらせるか，水槽底に沈降した仔魚を水柱に返すために，水槽底にポンプで飼育水を吐出して水流を起こすことが挙げられている[22]．また，浮上死が問題になっていた魚種と，夜間の仔魚の沈降現象が問題になった魚種は一致していることは興味深い現象である．いずれの場合もその魚種の種苗生産の黎明期に浮上死が問題となり，その後沈降死が問題となるという順をたどっている．このことが，飼育技術の向上により今まで気が付かなかった減耗要因にたどり着いたのか，飼育を重ねることで無

意識の選択が働いた結果として飼育水槽で生き残りやすい魚が選別されていく，いわゆる家魚化が起こったのか，はっきりとした結論はまだ出ていない．

2・2 変態期の死亡と稚魚期の共食い

10日齢までの初期減耗を免れても，ハタ科魚類の種苗生産は着底までさらに40日近くを要する．この間，仔魚の死亡が止むことなくだらだらと続いたり，急激な減耗を起こすことも少なくない．この現象はどんな原因に由来するものかはまだ明らかにされていない．少なくとも背鰭と腹鰭の棘条が伸長を開始する後期仔魚期から，最大伸長期になる変態期までの期間（図2・1）が，この長期の減耗期間に相当している．この期間の減耗の原因として，8章などにもあるように，仔魚が水槽内でパッチを形成したときに長く鋸歯をもつ伸長鰭条で互いに傷つけあっているのではないかという仮説が立てられている．種苗生産水槽内には基本的に捕食者は存在しないのであるから，1・4に示したような被食回避のために仔魚が互いに棘条を開いて睨みあっているというのは想像しにくい．むしろ，1・2に詳述した受動輸送時，すなわち「非遊泳の状態にあるときに棘条を開いているところ」に多数の仔魚が蝟集して互いに傷つけあう結果になったと考えることはできないだろうか．もしこの仮定が成立するとすれば，仔魚に対して受動輸送の状態を作らず，より積極的に遊泳させれば，仔魚は棘条を畳んだ状態になり互いに傷つけることもなくなるであろう．例えば，1 kL水槽を使ったマハタの飼育例では，後期仔魚期に水槽の通気量を次第に上げていった場合が，一定の通気量（200 mL／分）で飼育したときよりも稚魚の取り揚げ尾数が多くなったと報告されている[1]．このように，棘条の伸長する後期仔魚期から水槽内の水流を強くして強制的に仔魚の遊泳状態を作るというのも一つの解決策となるかもしれない．

種苗生産水槽内には基本的に捕食者は存在しないと書いたが，例外として生じる捕食者は同種，すなわち共食いである．ハタ科魚類は魚食性のため，種苗生産過程で共食いがしばしば起こり，種苗生産成績を大きく低下させている[1,23-25]．マハタの研究例[1]からも示されているように，ハタ科魚類では仔魚の期間には共食いは見られず，着底稚魚になって初めて互いを攻撃するようになる．1・2で述べたが，ハタ科魚類は着底後に縄張りを保有し，互いに生息場を巡って攻撃しあうようになる．このような生得的な行動をなくすことは現場レベルでは

不可能であろう.例えば,飼料中にトリプトファンを混ぜることでチャイロマルハタに共食い抑制効果が見られたとの報告[26]もあるが,統計学的に有意な差は検出されているものの,共食いの頻度を10%程度低くするのみに留まっている.現時点でハタ科魚類の種苗生産過程で共食いによる減耗を防ぐためには,種苗のサイズ選別を十分に行うことが重要である.とくに,体サイズ差が大きくなり発育段階のオーバーラップが水槽内で起こる変態期(浮遊)〜稚魚期(着底)には注意を要する.着底した大型個体が着底前の個体を攻撃することが起こるからである.

文 献

1) de la S. Sabate F, Sakakura Y, Shiozaki M, Hagiwara A. Onset and development of aggressive behavior in the early life stages of the seven-band grouper *Epinephelus septemfasciatus*. *Aquaculture* 2009; 290: 97-103.

2) 平田善郎,浜崎活幸,照屋和久,虫明敬一.マハタおよびクエ仔稚魚の成長にともなう体密度の変化.日水誌 2009; 75: 652-660.

3) Kawabata Y, Nishihara GN, Yamaguchi T, Takebe T, Teruya K, Sato T, Soyano K. The effect of spine postures on the hydrodynamic drag in *Epinephelus ongus* larvae. *J. Fish Biol.* 2014; 85: 1757-1765.

4) Leis JM, Hay AC, Lockett MM, Chen JP, Fang LS. Ontogeny of swimming speed in larvae of pelagic-spawning, tropical, marine fishes. *Mar. Ecol. Prog. Ser.* 2007; 349: 255-267.

5) 成澤行人,河野 博,藤田 清.チャイロマルハタ仔魚の遊泳・摂餌関連形質の発達.東京水産大学研究報告 1997; 84: 75-92.

6) Fuiman LA, Magurran AE. Development of predator defenses in fishes. *Rev. Fish Biol. Fish.* 1994; 4: 145-183.

7) Leis JM, Carson-Ewart BM. *In situ* swimming and settlement behaviour of larvae of an Indo-Pacific coral-reef fish, the coral trout *Plectropomus leopardus* (Pisces: Serranidae). *Mar. Biol.* 1999; 134: 51-64.

8) Morgan SG. Adaptive significance of spination in estuarine crab zoeae. *Ecology* 1989; 70: 464-482.

9) Yamaoka K, Nanbu T, Miyagawa M, Isshiki T, Kusaka A. Water surface tension-related deaths in prelarval red-spotted grouper. *Aquaculture* 2000; 189: 165-176.

10) 土橋靖史,栗山 功,黒宮香美,柏木正章,吉岡 基.マハタ種苗生産過程における仔魚の活力とその生残に及ぼす水温,照明およびフィードオイルの影響.水産増殖 2003; 51: 49-54.

11) 阪倉良孝,萩原篤志.第7章 魚類の行動と種苗生産.「魚類の行動研究と水産資源管理」(棟方有宗,小林牧人,有元貴文編)恒星社厚生閣.2013; 101-115.

12) 塩谷茂明,赤澤敦司,阪倉良孝,中田 久,荒川敏久,萩原篤志.仔魚飼育水槽内の流場の計測:マハタ飼育水槽の検討例.水産工学 2003; 39: 201-208.

13) 田中由香里,阪倉良孝,中田 久,萩原篤志,安元 進.マハタ仔魚のワムシサイズに対する摂餌選択性.日水誌 2005; 71: 911-916.

14) Sakakura Y, Shiotani S, Chuda H, Hagiwara A. Improvement of the survival in the seven-band grouper, *Epinephelus septemfasciatus*, larvae by optimizing aeration and water inlet in the mass-scale rearing tank. *Fish. Sci.* 2006; 72: 939-947.
15) Sakakura Y, Shiotani S, Shiozaki M, Hagiwara A. Larval rearing without aeration: A case study of the seven-band grouper, *Epinephelus septemfasciatus*, using a wave maker. *Fish. Sci.* 2007; 73: 1199-1201.
16) 余語 滋. 人工種苗の管理方法. 特許第4091965 号, 2008.
17) Sakakura Y, Andou Y, Tomioka C, Yogo S, Kadomura K, Miyaki K, Hagiwara A. Effects of aeration rate and salinity gradient on the survival and growth in the early life stages of the devil stinger *Inimicus japonicus*. *Aquacult. Sci.* 2014; 62: 99-105.
18) Ruttanapornvareesakul Y, Sakakura Y, Hagiwara A. Effect of tank proportions on survival of seven band grouper *Epinephelus septemfasciatus*（Thunberg）and devil stinger *Inimicus japonicus*（Cuvier）larvae. *Aquacult. Res.* 2007; 38: 193-200.
19) Sumida T, Kawahara H, Shiotani S, Sakakura Y, Hagiwara A. Observations of flow patterns in a model of a marine fish larvae rearing tank. *Aquacultural Engineering* 2013; 57: 24-31.
20) 北島 力, 塚原康生. 水槽の深さがマダイ仔魚の鰾開腔率に及ぼす影響. 長崎水試研究報告 1982; 8: 137-140.
21) Tanaka Y, Kumon K, Nishi A, Eba T, Nikaido H, Shiozawa S. Status of the sinking of hatchery-reared larval Pacific bluefin tuna on the bottom of the mass culture tank with different aeration design. *Aquacult. Sci.* 2009; 57: 587–593.
22) 武部孝行, 小林真人, 浅見公雄, 佐藤 琢, 平井慈恵, 奥澤公一, 阪倉良孝. スジアラ仔魚の沈降死とその防除方法を取り入れた種苗量産試験. 水産技術 2011; 3: 107-114.
23) Fukuhara O. A review of the culture of grouper in Japan. *Bull. Nansei Regional Fish. Res. Lab.* 1989; 22: 47–57.
24) Takeshita A, Soyano K. Effects of fish size and size-grading on cannibalistic mortality in hatchery-reared orange-spotted grouper *Epinephelus coioides* juveniles. *Fish. Sci.* 2009; 75: 1253-1258.
25) 武部孝行, 宇治 督, 尾崎照遵, 奥澤公一, 山田秀秋, 小林真人, 浅見公雄, 佐藤 琢, 照屋和久, 阪倉良孝. スジアラ種苗生産で見られた成長差の発現時期と遺伝的影響. 日水誌 2015; 81: 52-61.
26) Hseu JR, Lu FI, Su HM, Wang LS, Tsai CL, Hwang PP. Effect of exogenous tryptophan on cannibalism, survival and growth in juvenile grouper, *Epinephelus coioides*. *Aquaculture* 2003; 218: 251-263.

3章　初期減耗の科学

與世田兼三[*1]・照屋和久[*2]

　ハタ科 Serranidae の魚類は，温帯から熱帯海域に広く分布し，なかでもマハタ属 Epinephelus やスジアラ属 Plectropomus に属する魚種は大型で美味であることと，経済的な価値が高いことから，養殖あるいは栽培漁業の対象種とされている．そのため，古くから種苗生産や養殖技術に関する様々な研究が世界各地で実施されている．現在までに日本で種苗生産に関する研究が行われてきた魚種は，マハタ属ではクエ E. bruneus[1,2]，マハタ E. septemfasciatus[3-8]，キジハタ E. akaara[9-13]，ヤイトハタ E. malabaricus[14-16]，マダラハタ E. polyphekadion[17]，ノミノクチ E. trimaculatus[18]，ナミハタ E. ongus[19]，タマカイ E. lanceolatus[20] およびアカハタ E. fasciatus[21] の9種，スジアラ属ではスジアラ P. leopardus[22-27] 1種の合計10種に及んでいる．しかし，これらのハタ科魚類で2001年現在10万尾以上の量産飼育に成功しているのはクエ E. bruneus，マハタ E. septemfasciatus，ヤイトハタ E. malabaricus，キジハタ E. akaara，およびスジアラ P. leopardus の合計5種であり，ヒラメ Paralichthys olivaceus，マダイ Pagrus major，およびトラフグ Takifugu rubripes などと比較すると水産業に対する貢献度は未だに低いのが現状である．その理由は，ハタ科魚類は孵化から10日齢に至るまでの初期減耗が大きく，また，稚魚期に生じる共食いなどの減耗によって取り揚げ時までの生残率が低くて安定せず，他の対象種に比べて種苗生産のリスクが高いからである．このため，筆者らはその初期減耗要因を解明し，初期生残を向上させるための研究開発に加え，安定的に量産できる種苗生産の技術開発に取り組んできた．
　上記のハタ科魚類5種の初期減耗要因を解明するために，まず，仔魚の栄養源となる卵黄の吸収過程が仔魚の生残に深く関与しているのではないかとの仮説を立て，内部栄養から外部栄養に切り替わる転換期に焦点を絞って仔魚の発

[*1] 水産総合研究センター西海区水産研究所
[*2] 水産総合研究センター西海区水産研究所亜熱帯研究センター

育状況を調べた．また，これらの知見にもとづいて，初回摂餌の遅れがハタ科魚類の初期減耗にいかに関与しているかを調べて，ハタ科魚類の減耗要因の機序を明らかにすると同時に，種苗生産現場で安定的な量産を実現するための技術開発に取り組み，2014 年現在では水産総合研究センターが対象としてきたクエ *E. bruneus*，マハタ *E. septemfasciatus*，キジハタ *E. akaara* およびスジアラ *P. leopardus* の 4 種で 20 万尾以上の安定した量産飼育が可能になった．

本稿では，筆者らが，これまでに取り組んできた初期減耗要因の機序の解明とその対策に関する研究開発について紹介する．

§1. 内部栄養の吸収過程と初期発育

初期減耗要因を解明するには対象種とする仔魚の内部栄養吸収過程と初期発育を正確に把握する必要がある．そこで，小型水槽に受精卵を収容し，対象とする魚類の飼育の至適水温に準じて水温を設定し，試験水槽内の仔魚を孵化時から内部栄養を完全に吸収するまでの間，2〜6 時間間隔で約 30 尾ほど無作為に採集して，内部栄養の吸収過程と初期発育を調べた．内部栄養の卵黄と油球の体積は，前者は楕円体として $V = \pi/6LH^2$（L は卵黄の長径，H は卵黄の短径），後者は真円体として $V = 4/3\pi r^3$（r は油球の半径）の計算式で算出した．

クエとマハタ[*3]，キジハタ[11]，ヤイトハタ[16]，およびスジアラ[25] 5 種の内部栄養吸収過程と初期発育の結果を表 3・1 に示す．孵化仔魚のサイズはキジハタが 1.58 mm と 5 種のハタのなかでは最も小さいが，孵化から内部栄養（油球）を吸収するまでの時間はスジアラが 60〜64 時間と最も早く，ついでヤイトハタが 52〜86 時間，キジハタが 92 時間，マハタが 104 時間，クエが 114 時間と最も遅くなることがわかった．この結果でとくに重要なことは，孵化してから 50% の個体が初めて餌を食べられる状態になった時間，いわゆる初回摂餌から内部栄養の油球を吸収するまでの時間である．この時間（以下，"critical point" と定義）に注目すると，スジアラでは 0 時間，ヤイトハタでは 6〜18 時間，キジハタでは 21 時間，クエでは 42 時間，およびマハタでは 32 時間となった（表 3・1）．すなわち，スジアラでは内部栄養を吸収すると同時に初回摂餌が開始され，一方，クエでは初回摂餌後も 42 時間，内部栄養を利用し続けているといえる．

[*3] 照屋，與世田，未発表

表3・1 ハタ科魚類5種の内部栄養の吸収過程と初期発育の比較

種名	水温(℃)	全長 (mm)			孵化を基準とした経過時間 (時間)				機能的開口時を基準とした経過時間 (時間) *3
		孵化時	開口時	機能的開口時*2	開口時	機能的開口時	内部栄養吸収(油球)	負の成長点(飢餓状態時)	内部栄養吸収(油球) critical point
クエ*1 E. bruneus	26	1.75 ± 0.05	3.00 ± 0.03	3.05 ± 0.03	66	72	114	102	42
マハタ*1 E. septemfasciatus	26	1.88 ± 0.05	2.60 ± 0.08	2.62 ± 0.08	60	72	104	96	32
キジハタ E. akaara	26	1.58 ± 0.03	2.27 ± 0.05	2.30 ± 0.04	56	71	92	89	21
ヤイトハタ E. malabaricus	25	1.84 ± 0.10	2.83 ± 0.10	2.77 ± 0.14	56	68	86	−	18
	28	1.79 ± 0.22	2.66 ± 0.05	2.81 ± 0.06	47	65	74	71	9
	31	1.71 ± 0.16	2.67 ± 0.14	2.72 ± 0.05	40	46	52	−	6
スジアラ P. leopardus	26	1.64 ± 0.10	2.65 ± 0.12	2.59 ± 0.13	56	−	64	−	−
	28	1.69 ± 0.10	2.53 ± 0.09	2.47 ± 0.12	52	60	60	66	0
	30	1.75 ± 0.06	2.45 ± 0.16	2.34 ± 0.17	52	−	60	−	−

*1 照屋, 與世田, 未発表
*2 30尾の仔魚の消化管を調べて半分の15尾の仔魚がワムシを1個体でも食べていれば, その時点を「機能的開口時」と定義
*3 内部栄養吸収時間から機能的開口時間を引き算した値
與世田[28,29)]を一部改変

　與世田[28,29)]は, マハタ属のチャイロマルハタ E. coioides とアカマダラハタ E. fuscoguttatus, アカメの仲間 Lates calcarife, サバヒー Chanus chanus, ゴマアイゴ Siganus guttatus, ゴマフエダイ Lutjanus argentimaculatus [30,31)], およびマダイ[32)] の7種と, キジハタ, ヤイトハタ, およびスジアラの3種の合計10種間で孵化時の卵黄と"critical point"の長さ, 孵化時の油球と"critical point"の長さ, および孵化仔魚のサイズと"critical point"の長さとの相関を調べ, いずれも両者の間には有意差は認められず, 内部栄養の体積や仔魚のサイズが"critical point"の長さを限定しているものではないことを明らかにした. この研究の成果をもとに, 仔魚の初期生残の観点からは, 卵黄と油球の体積よりもむしろ"critical point"の長さがとくに重要な指標になることを提言している. そ

のなかでも，ハタ科魚類は他の魚類と比べ，"critical point"が短いことが特徴であり，それが種苗生産時の生残率に何らかの影響を与えていると考えられる．

§2. 仔魚の摂餌，成長，および生残に及ぼす初回摂餌の影響

　内部栄養の吸収過程と初期発育を調べることによって，設定水温での各対象魚種の開口時間，初回摂餌時間，および"critical point"などが明らかになり，それぞれの本質や特徴が垣間見えてくるようになる．しかし，このような基礎的な知見を正確に把握できたとしても，それだけでは何が初期減耗に密接に関与しているかを特定することはできない．初期減耗が大きい魚種では内部栄養の吸収時間と飢餓に耐え成長や生残に影響を与えず回復可能な時間（絶食耐性時間）との関係を調べることは，初回摂餌時にほぼ内部栄養を吸収し終えるハタ科魚類（図3・1）の減耗機序を解明するうえでとくに重要である．このため，ハタ科魚類5種の最適水温条件下における初回摂餌の遅れが，その後の仔魚の摂餌，成長，および生残にどのような影響を及ぼすかを調べた．

　上記の試験に初めて取り組んだヤイトハタでは，仔魚が50％開口した時間に給餌する区を基準とした基準区と，基準区からそれぞれ6，12，24時間経過した後にS型ワムシタイ株（ワムシ）を給餌する6時間区，12時間区，および24時間区と陰性対照区として無給餌の飢餓区の5区を設けて試験を行った．しかし，当初は開口と同時に摂餌を開始するものと考えており，仔魚の50％が開

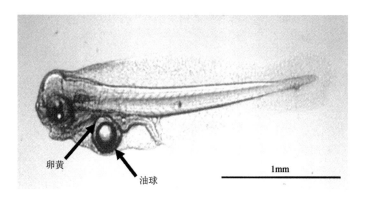

図3・1　スジアラ *Plectropomus leopardus* 2日齢（全長2.53 mm）の仔魚（開口時にすでに卵黄をほぼ吸収）

口=50％の個体が摂餌可能（初回摂餌）として実験を設定したが，試験の途中で開口から仔魚が餌を食べられる状態になるまでにさらに数時間を要することが判明し，試験の設定が曖昧であることに気付いた．そこで，その後の試験では開口と同時に餌を与えるパイロット水槽を設け，2時間間隔で仔魚を50尾ずつ採取し，顕微鏡下で50％の仔魚がワムシを食べている時間を調べた．例えば，30尾の仔魚の消化管を調べて半分の15尾の仔魚がワムシを1個体でも食べていれば，その時点を「機能的開口」と定義し，その時間に初めての餌を与える（初回給餌）区を基準区とした．クエ，マハタ，キジハタ，およびスジアラでは，その基準区から数時間間隔で給餌を行う区と，飢餓区の合計5区を設けて試験を行った（表3・2）．魚種ごとのワムシ摂餌数の日内変動や初回摂餌の遅れがその後の仔魚の成長と生残に及ぼす影響について詳しく述べることは誌面の都合上困難なため，ここでは，試験終了時の結果のみを紹介する．クエでは，機能的開口時から12時間（表3・3），マハタ（表3・4），キジハタ（表3・5），スジアラでは同6時間（表3・6）後に給餌した区では成長の遅延が見られる．また，ヤイトハタでは開口時から24時間後に給餌した区では成長遅延が見られるが（表3・7），これを機能的開口からの時間に換算すると，ヤイトハタでは開口から機能的開口まで18時間を要している（表3・1）ことから，6時間後に成長遅延の影響が出ていることとなる．いずれの魚種も機能的開口よりきわめて短い時間内に摂餌することが必要であるが，マハタ，キジハタおよびスジアラでは内部栄養を吸収後，6時間以内に餌を食べないと成長に悪影響が出るものの，クエでは2倍の12時間までは成長に影響が出ないと見ることもできる．同じハタ類でも初期生残が異なるのは内部栄養の吸収時間と摂餌開始のタイミングとの間に大きな要因がありそうである．詳しくは，キジハタ[11]，ヤイトハタ[16]，およびスジアラ[25]の論文を参照されたい．今回の試験で明らかになった重要なポイントは下記の5点である．

(1) 初回摂餌を行う初期の段階から仔魚は摂餌リズムを有すること
(2) 初回摂餌が遅れるに従い，基準区の仔魚よりも成長が有意に劣ること
(3) 初回摂餌が遅れるに従い，基準区に比べて生残が劣ること
(4) 初回摂餌開始からの回復可能な絶食耐性時間がわずか6～12時間と短いこと

3章 初期減耗の科学 39

表3・2 初回摂餌の遅れがその後のハタ科魚類仔魚の成長と生残に及ぼす試験の条件設定

試験区	魚種名				
	ヤイトハタ E. malabaricus	クエ E. bruneus	マハタ E. septemfasciatus	キジハタ E. akaara	スジアラ P. leopardus
1	開口時*1	標準摂餌開始時*2	標準摂餌開始時*2	標準摂餌開始時*2	標準摂餌開始時*2
2	同上6時間後	同上12時間後	同上6時間後	同上6時間後	同上3時間後
3	同上12時間後	同上24時間後	同上12時間後	同上12時間後	同上6時間後
4	同上24時間後	同上36時間後	同上18時間後	同上18時間後	同上9時間後
5	無給餌	無給餌	無給餌	無給餌	無給餌

*1 50%の個体が開口した時間
*2 50%の個体がワムシを初めて摂餌した時間

表3・3 初回給餌の遅れがその後のクエ E. bruneus 仔魚の成長と生残に及ぼす影響

試験区	初回給餌時間 (時間)	開始時尾数 (尾)	終了時尾数 (尾)	生残率 (%)	平均全長 ± 標準偏差 (mm)	
					開始時	終了時
1-1	標準摂餌開始時* (基準区)	2360	1564	66.3		3.59 ± 0.19
1-2		2360	1136	48.1		3.74 ± 0.18
1-3		2360	1291	54.7		3.69 ± 0.19
平均		2360	1330	56.4^a	3.06 ± 0.05	3.67 ± 0.19^a
2-1	同上12時間後	2360	1195	50.6		3.33 ± 0.21
2-2		2360	1292	54.7		3.38 ± 0.18
2-3		2360	1074	45.5		3.37 ± 0.22
平均		2360	1187	50.3^a	3.06 ± 0.05	3.36 ± 0.20^b
3-1	同上24時間後	2360	993	42.1		3.38 ± 0.24
3-2		2360	612	25.9		3.43 ± 0.16
3-3		2360	997	42.2		3.31 ± 0.23
平均		2360	993	42.1^{ab}	3.06 ± 0.05	3.38 ± 0.22^b
4-1	同上36時間後	2360	508	21.5		3.24 ± 0.19
4-2		2360	877	37.2		3.36 ± 0.18
4-3		2360	424	18.0		3.16 ± 0.14
平均		2360	603	25.6^b	3.06 ± 0.05	3.25 ± 0.19^c
5-1	無給餌	2360	0	0.0		—
5-2		2360	0	0.0		—
5-3		2360	0	0.0		—
平均		2360	0	0.0	3.06 ± 0.05	

* 50%の個体がワムシを初めて摂餌した時間
異なる英字は試験区間の有意差を示す(多重比較 $P < 0.05$, Tukey法, a > b > c)
照屋, 與世田, 未発表

（5）飢餓区の仔魚には負の成長点があり，このポイントは内部栄養（油球）を吸収した時間と一致したこと

以上の結果から，ハタ科魚類5種では50％標準摂餌開始からわずか6 ～ 12時間の間に初回摂餌に失敗すると，その後の生残と成長に悪影響が生じて初期減耗が起こることが明らかになった．いいかえれば，ハタ類仔魚の種苗生産ではそれぞれの "critical point" の間にいかに効率よく摂餌に結びつけるかが成功を左右する重要なポイントである．

表3・4　初回給餌の遅れがその後のマハタ E. septemfasciatus 仔魚の成長と生残に及ぼす影響

試験区	初回給餌時間（時間）	開始時尾数（尾）	終了時尾数（尾）	生残率（%）	平均全長±標準偏差（mm）	
					開始時	終了時
1-1	標準摂餌開始時*（基準区）	2500	879	35.2		2.71 ± 0.13
1-2		2500	70	2.8		2.79 ± 0.13
平均		2500	475	19.0^a	2.60 ± 0.10	2.76 ± 0.12^a
2-1	同上6時間後	2500	542	21.7		2.70 ± 0.09
2-2		2500	497	19.9		2.69 ± 0.09
平均		2500	520	20.8^a	2.60 ± 0.10	2.69 ± 0.10^b
3-1	同上12時間後	2500	408	16.3		2.64 ± 0.12
3-2		2500	564	22.6		2.57 ± 0.10
平均		2500	486	19.4^a	2.60 ± 0.10	2.60 ± 0.11^c
4-1	同上18時間後	2500	344	13.8		2.61 ± 0.09
4-2		2500	335	13.4		2.63 ± 0.13
平均		2500	340	13.6^b	2.60 ± 0.10	2.64 ± 0.12^c
5-1	無給餌	2500	0	0.0		2.41 ± 0.13
5-2		2500	0	0.0		－
平均		2500	0	0.0	2.60 ± 0.10	2.41 ± 0.13^d

＊ 50％の個体がワムシを初めて摂餌した時間
異なる英字は試験区間の有意差を示す（多重比較 $P < 0.05$，Tukey法，a＞b＞c＞d）
照屋，與世田，未発表

3章 初期減耗の科学　*41*

表3・5　初回給餌の遅れがその後のキジハタ E. akaara 仔魚の成長と生残に及ぼす影響

試験区	初回給餌時間 (時間)	開始時尾数 (尾)	終了時尾数 (尾)	生残率 (%)	平均全長 ± 標準偏差 (mm)	
					開始時	終了時
1-1	標準摂餌開始時*	2500	678	27.5		
1-2	(基準区)	2500	329	13.2		
平均		2500	508	20.3	2.38 ± 0.06^a $(n = 20)$	2.67 ± 0.17^a $(n = 60)$
2-1	同上 6 時間後	2500	221	8.8		
2-2		2500	94	3.8		
平均		2500	158	6.3	2.39 ± 0.05^a $(n = 20)$	2.55 ± 0.12^b $(n = 60)$
3-1	同上 12 時間後	2500	185	7.4		
3-2		2500	210	8.4		
平均		2500	200	7.9	2.39 ± 0.07^a $(n = 20)$	2.59 ± 0.13^b $(n = 60)$
4-1	同上 18 時間後	2500	77	3.1		
4-2		2500	53	2.1		
平均		2500	65	2.6	2.36 ± 0.05^a $(n = 20)$	2.52 ± 0.14^b $(n = 53)$
5-1	無給餌	2500	0	0.0		
5-2		2500	3	0.1		
平均		2500	2	0.1	2.35 ± 0.08^a $(n = 20)$	—

* 50％の個体がワムシを初めて摂餌した時間
異なる英字は試験区間の有意差を示す（多重比較 $P < 0.05$, Tukey 法，a > b）
與世田ら[11]を一部改変

表3・6　初回給餌の遅れがその後のスジアラ P. leopardus 仔魚の成長と生残に及ぼす影響

試験区	初回給餌時間 (時間)	仔魚の収容尾数 (万尾)		生残率 (%)	平均全長 ± 標準偏差 (mm)	
		試験開始時 3 日齢	終了時 5 日齢		試験開始時 (標準摂餌開始時)	終了時 (同左 45 時間後)
1	標準摂餌開始時* (基準区)	40.3	16.7	41.4	2.61 ± 0.07^a $(n = 20)$	2.81 ± 0.13^a $(n = 20)$
2	同上 3 時間後	42.1	17.8	42.3	2.67 ± 0.04^a $(n = 20)$	2.78 ± 0.14^a $(n = 20)$
3	同上 6 時間後	44.5	15.0	33.7	2.56 ± 0.10^a $(n = 20)$	2.57 ± 0.15^b $(n = 20)$
4	同上 9 時間後	40.7	8.3	20.4	2.58 ± 0.09^a $(n = 20)$	2.55 ± 0.09^b $(n = 20)$
5	無給餌	43.9	0.0	0.0	2.59 ± 0.07^a $(n = 20)$	2.40 ± 0.10^c $(n = 20)$

* 50％の個体がワムシを初めて摂餌した時間
異なる英字は試験区間の有意差を示す（多重比較 $P < 0.05$, Scheffe 法，a > b > c）
與世田ら[25]を一部改変

表3・7 初回給餌の遅れがその後のヤイトハタ E. malabaricus 仔魚の成長と生残に及ぼす影響

試験区	給餌時間 (時間)	開始時尾数 (尾)	終了時尾数 (尾)	生残率 (％)	平均全長 ± 標準偏差 (mm) 終了時
1-1	開口時*	3339	302	9.0	
1-2		3339	208	6.2	
平均		3339	255	7.6	3.74 ± 0.24^a ($n = 23$)
2-1	同上 6 時間後	3339	84	2.5	
2-2		3339	826	24.7	
平均		3339	455	13.6	3.71 ± 0.11^a ($n = 20$)
3-1	同上 12 時間後	3339	79	2.4	
3-2		3339	259	7.8	
平均		3339	169	5.1	3.69 ± 0.13^a ($n = 22$)
4-1	同上 24 時間後	3339	194	5.8	
4-2		3339	35	1.0	
平均		3339	115	3.4	3.33 ± 0.18^b ($n = 20$)
5-1	無給餌	3339	17	0.5	
5-2		3339	3	0.1	
平均		3339	10	0.3	2.67 ± 0.11^c ($n = 5^*$)

* 50％の個体が開口した時間
異なる英字は試験区間の有意差を示す（多重比較 $P < 0.05$, Tukey 法, a＞b＞c）
Yoseda et al.[16] を一部改変

§3. 初期生残を向上させるにはどうすればよいか

§1と§2では，ハタ科魚類5種の初期発育と初回摂餌の重要性に関して言及してきた．ここでは，筆者らが上記の知見にもとづいて，種苗生産現場で安定的に種苗生産を行うために取り組んできた研究開発事例を紹介する．

3・1 サイズの異なる2タイプのワムシがスジアラ仔魚の初回摂餌と初期生残に及ぼす影響

ハタ科魚類の飼育条件のなかでも重要な要因となる初期餌料のワムシを例にとり，0日齢から5日齢までに焦点を絞って，量産規模でサイズの異なるS型ワムシ（Sワムシ）と背甲長の小さいS型ワムシタイ株（タイワムシ）の2タイプのワムシをスジアラ仔魚の初期餌料として与え，ワムシがスジアラ仔魚の摂餌生態，および初期生残に与える影響を調べた．その結果，試験終了時（5日齢）の生残を比較したところ，タイワムシ給餌区で31.7％，Sワムシ給餌区では5.9％であった．同様の試験を繰り返し実施したところ，前者が13.3％，後

者が6.2％となり，タイワムシ給餌区の生残がSワムシ給餌区よりも高くなった．一方，無給餌とした陰性対照区では5日齢に全滅した．この試験では，3日齢における仔魚の最大平均摂餌数と5日齢の生残との関係を調べ，両者の間には高い相関が認められ（$r^2 = 0.71$），開口当日（3日齢）における摂餌数が5日齢の生残に大きく影響を及ぼしている可能性があり，本種の種苗生産技術開発を進めてゆくうえでの重要な知見になると指摘している[22]．

3・2 光周期がクエ，マハタ，キジハタ，およびスジアラ仔魚の生残，成長，および摂餌に及ぼす影響

クエ[2]とマハタ[8]では，500 L水槽を用いて明期（L）と暗期（D）の時間が24L：0D，12L：12D，6L：6D：6L：6D，および0L：24Dの4試験区を設け，前者では11日齢，後者では8日齢まで飼育試験を行い，光周期がクエとマハタ仔魚の生残，成長，および摂餌に及ぼす影響を調べた．キジハタ[*4]では，500 L水槽を用いて12L：12D，24L：0D，および0L：24Dの3試験区，スジアラ[24]では60 kL水槽を用いて，自然日周（13L：11D），24L：0D，および0L：24Dの3試験区を設けて上記と同様な試験を行った．その結果，マハタ，キジハタ，およびスジアラ仔魚の3種の試験終了時の生残と成長は，24L：0Dの24時間恒明条件が他の試験区に比して高い成長と生残率を示した．しかし，クエ仔魚の生残率は他の3種とは異なり，12L：12D区で最も高く，ついで6L：6D：6L：6D区であった．一方，成長は12L：12D区，24L：0D区，および6L：6D：6L：6D区の順に良かった．このように，同じハタ科魚類でも光周期条件が成長および生残に及ぼす影響は魚種によって異なることが報告されていることから[2,8]，他魚種で光周期条件を応用するには事前に予備試験を行うなどの注意が必要である．

上記の試験から，ハタ科魚類では初回摂餌のタイミングがその後の成長と生残に密接に関与していることがわかった．このため，初期生残を向上させるためには初回摂餌にかかわる最適な飼育条件を構築することが重要である．ハタ科魚類5種の至適な飼育条件はワムシサイズや密度[1,21]，光周期[2,8,24]，光の強度[26]についてそれぞれ詳しく記述されているので，これらの論文を参照されたい．

[*4] 照屋，奥世田，未発表

ハタ科魚類5種はもちろん，対象とする魚類の初期生残を向上させるために大切なことは，これまで示したように初回摂餌にかかわる最適な飼育条件（餌のサイズと密度，水温，照度，および通気方法など）を明らかにして飼育を行うということである．そして，仔稚魚の行動を観察し，その異変をいち早く察知して，対処することである．

§4. 今後の課題と展望

これまで，ハタ科魚類の初期飼育が困難なのは口器などの内部骨格系の発達と内部栄養吸収が他の海産魚類に比べて貧弱なことに由来するとされてきた[30,31]．しかし，この現象だけではハタ科魚類の初期減耗要因を特定することはできなかった．ハタ科魚類に見られる著しい初期減耗は，"critical point"が短いという他の海産魚類にはない特性に加え，絶食耐性時間がわずか6時間，長くても12時間ときわめて短いことに起因していることが，筆者らの一連の研究で明らかになった．さらに，ハタ科魚類5種はいずれも飢餓条件下に晒されると，ある時点から負の成長を示す．すなわち，体が小さくなる．この負の成長が始まるポイントは内部栄養を吸収し終える時間と一致することが実験結果からわかった．飢餓条件に置かれた仔魚が小さくなるという現象は信じがたかったが，おそらく内部栄養を吸収した後は生きながらえるために糖新生の酵素活性が高くなりタンパク質をエネルギーに変換して魚体が小さくなったのではないだろうか．このような現象を生理学的に理解することこそ，減耗要因の機序の解明に必要だと考える．筆者らの研究アプローチはハタ科魚類のみならず，他の海産魚類の"critical point"と初期減耗との関連および天然仔魚の加入や減耗などの変動要因を推定する研究にも応用可能な技術である．

文献

1) 照屋和久，奥世田兼三．クエ仔魚の成長と生残に適した初期飼育条件と大量種苗量産試験．水産増殖 2006; 54:187-194.
2) 照屋和久，奥世田兼三，藤井あや，黒川優子，川合真一郎，岡 雅一，西岡豊弘，中野昌次，森 広一郎，菅谷琢磨，浜崎活幸．光周期がクエ仔魚の生残，成長および摂餌に及ぼす影響．日水誌 2008 ; 74: 1009-1016.
3) 土橋靖史，栗山 功，黒宮香美，柏木正章，吉岡 基．マハタ種苗生産過程における仔魚の活力とその生残に及ぼす水温，照明，およびフィードオイルの影響．水産増殖 2003 ; 51: 49-54.

4) 阪倉良孝,萩原篤志,塩谷茂明.水槽内の流場制御によるマハタ仔魚飼育.日水誌 2006; 72: 267-270.
5) Sakakura Y, Shiotani S, Chuda H, Hagiwara A. Improvement of the survival in the seven-band grouper, *Epinephelus septemfasciatus*, larvae by optimizing aeration and water inlet in the mass-scale rearing tank. *Fish. Sci.* 2006; 72: 939-947.
6) Sakakura Y, Shiotani S, Shiozaki M, Hagiwara A. Larval rearing without aeration: A case study of the seven-band grouper, *Epinephelus septemfasciatus*, using a wave maker. *Fish. Sci.* 2007; 73: 1199-1201.
7) 田中由香里,阪倉良孝,中田 久,萩原篤志,安元 進.マハタ仔魚のワムシサイズに対する摂餌選択性.日水誌 2005; 71: 911-916.
8) 照屋和久,與世田兼三,岡 雅一,西岡豊弘,中野昌次,森 広一郎,菅谷琢磨,浜崎活幸.光周期がマハタ仔魚の生残,成長および摂餌に及ぼす影響.日水誌 2008; 74: 645-652.
9) 福永恭平,野上欣也,吉田儀弘,浜崎活幸,丸山敬吾.日本栽培漁業協会・玉野事業場における最近のキジハタ種苗生産量の増大と問題点について.栽培漁業技術開発研究 1990; 19: 33-40.
10) 萱野泰久,何 玉環.キジハタ仔魚の初期摂餌と成長.水産増殖 1997; 45: 213-218.
11) 與世田兼三,照屋和久,菅谷琢磨,関谷幸生.初回摂餌の遅れがキジハタ *Epinephelus akaara* 仔魚の摂餌,成長,および生残に及ぼす影響.日水誌 2006; 72: 702-709.
12) 南部智秀,山本健也,道中和彦,原川泰弘.キジハタの種苗生産・放流技術開発.山口県水産研究センター事業報告 2006; 35-40.
13) 南部智秀.高級魚キジハタの栽培漁業推進に関する研究.海洋と生物 2013; 35: 421-425.
14) 中村博幸,佐多忠夫,吉里文夫,下村宏美,養殖ヤイトハタ等ブランド化推進技術開発事業.平成 15 年度沖縄県水産試験場事業報告書 2005; 159- 163.
15) 仲盛 淳,狩俣洋文,中本光男,呉屋秀夫,大浜幸司.ヤイトハタ種苗生産事業.平成 15 年度沖縄県水産試験場事業報告書 2005; 169-172.
16) Yoseda K, Dan S, Sugaya T, Yokogi K, Tanaka M, Tawada S. Effects of temperature and delayed initial feeding on the growth of Malabar grouper (*Epinephelus malabaricus*) larvae. *Aquaculture* 2006; 256: 192-200.
17) 多和田真周.マダラハタの卵内発生と仔稚魚の形態変化.水産増殖 1989; 37: 99-103.
18) 辻ヶ堂 諦,林 文蔵.ノミノクチの産卵生態と卵発生および仔魚について.三重県尾鷲水産試験場事業報告,昭和 55 年度 1982; 29-34.
19) 山本隆司,金城清昭,呉屋秀夫,仲本光男.海産魚類増養殖試験.平成 4 年度沖縄県水産試験場事業報告書,沖縄県水産試験場. 1994; 141-149.
20) 木村基文,岸本和雄.27 大型ハタ類の採卵・種苗生産技術開発.平成 22 年度(第 72 号)沖縄県水産海洋研究センター事業報告書,沖縄県水産海洋研究センター. 2011; 10.
21) 川辺勝俊.アカハタ仔魚の初期餌料としてのいわゆる S 型ワムシの有効性.水産増殖 1999; 47: 403-408.
22) 升間主計,竹内宏行.スジアラ仔魚の 3 タイプのワムシに対する摂餌選択性.栽培漁業技術開発研究. 2001; 28: 69-72.
23) 與世田兼三,浅見公雄,福本麻衣子,高井良 幸,黒川優子,川合真一郎.サイズの異なる 2 タイプのワムシがスジアラ仔魚の初期摂餌と初期生残に及ぼす影響.水産増殖 2003; 51: 101-108.
24) 與世田兼三,團 重樹,藤井あや,黒川

優子, 川合真一郎. 異なった日周条件がスジアラ仔魚の初期摂餌, 初期生残および消化酵素活性に及ぼす影響. 水産増殖 2003; 51: 179-188.

25) 與世田兼三, 照屋和久, 山本和久, 浅見公雄. 異なる水温と初回摂餌の遅れがスジアラ仔魚の摂餌, 成長, および生残に及ぼす影響. 水産増殖 2006; 54: 43-50.

26) Yoseda K, Yamamoto K, Asami K, Chimura M, Hashimoto K, Kosaka S. Influence of light intensity on feeding, growth and early survival of leopard coral grouper (*Plectropomus leopardus*) larvae under mass-scale rearing conditions. *Aquaculture* 2008; 279: 55-62.

27) 武部孝行, 小林真人, 浅見公雄, 佐藤琢, 平井慈恵, 奥澤公一, 阪倉良孝. スジアラ仔魚の沈降死とその防除方法を取り入れた種苗量産試験. 水産技術 2011; 3: 107-114.

28) 與世田兼三. ハタ類3種 (ヤイトハタ *Epinephelus malabaricus*, キジハタ *Epinephelus akaara*, スジアラ *Plectropomus leopardus*) の初期減耗要因の解明に関する研究. 博士論文, 京都大学. 2006.

29) 與世田兼三. ハタ類3種 (ヤイトハタ *Epinephelus malabaricus*, キジハタ *Epinephelus akaara*, スジアラ *Plectropomus leopardus*) の初期減耗要因の解明に関する研究. 水産総合研究センター研究報告 2008; 23: 91-144.

30) Kohno H. Early life history features influencing larval survival of cultivated tropical finfish. In: De Silva SS (eds). *Tropical Mariculture*. Academic Press. 1998; 72-110.

31) Kohno H, Ordonio-Aguilar R, Ohno A, Taki Y. Why is grouper rearing difficult?: an approach from the development of the feeding apparatus in early stage larvae of the grouper, *Epinephelus coioides*. *Ichthyol. Res.* 1997; 44: 267-274.

32) 茂木正人, 石川 健, 寺岡成樹, 伏見 浩. マダイ仔魚の内部栄養から外部栄養への転換. 水産増殖 2001; 49: 323-328.

4章　形態異常の科学

宇治　督[*1]・中田　久[*2]

　新魚種の種苗生産技術開発の過程では，まず量的な問題の解決，すなわち大量生産の実現が求められる．種苗の大量生産が可能になると，続いてその種苗の質の問題が新たな課題として生じる場合が非常に多い．種苗の質を決定する要素として生理的特性，生態的特性などとともに形態的特性がある．ここでは，種苗の形態的特性がその種本来の特性と比較して異常であるものを「形態異常」として扱う．

　種苗に形態異常が出現すると，選別などの煩雑かつ膨大な作業が生じ，最終的に生産コストの増加につながるため，種苗生産業者にとって大きな問題となる[1-3]．重度の形態異常魚は商品にならず，また種苗として出荷した時点では判別できないような非常に軽微な形態異常であっても成長するに従って形態異常の度合いが強くなることがあるため，種苗生産者はこれらを厳しく選別し廃棄している．さらに，形態異常魚は成長のみならず生き残りも悪い場合があり[4-7]，これらはすべて生産コストを増加させる要因となっている．そのため，形態異常魚の早期発見策や軽減策の開発が強く望まれている．形態異常魚の問題は国内だけではなく国外に目を向けてみても非常に重要な問題としてとらえられており，EU諸国においては国を越えた取り組みがなされている[1]．

　ハタ科魚類においても他の魚種と同様に量産技術の発達に伴って，種苗の形態異常が問題となっている．本章ではまず，日本のハタ科魚類で現在問題となっている形態異常について概観し，次にその形態異常の原因究明や軽減策開発に対する取り組み，とくに前彎症に対する取り組みについて紹介する．

[*1] 水産総合研究センター増養殖研究所育種研究センター
[*2] 長崎県五島振興局水産課上五島水産業普及指導センター

§1. 形態異常の出現状況

1・1 ハタ科魚類で出現している形態異常

ハタ科魚類の人工種苗に見られる形態異常には前彎症，背鰭陥没，鰓蓋欠損，顎異常などがあり（図4・1），これらは様々な頻度で生じている．現在日本で種苗生産されている主なハタ科魚類にはクエ *Epinephelus bruneus*，マハタ *E. septemfasciatus*，キジハタ *E. akaara*，スジアラ *Plectropomus leopardus*，アカハタ *E. fasciatus*，ヤイトハタ *E. malabaricus* の6種がある．それぞれの魚種の種苗生産機関における形態異常の調査方法や調査時期は共通ではないために相互の比較が困難な状況にあるが，各々の魚種でどのような形態異常が出現して，何が一番問題視されているかについては整理することができる．用語の問題，形態異常の評価方法の問題については§2の「形態異常の可視化・評価法」の節であらためて触れる．

クエでは数年前までは前彎症，背鰭陥没，椎体癒合，顎異常，頭部上皮異常，鰓蓋欠損などが発生しており，とくに商品価値を低下させる前彎症や背鰭陥没が大きな問題となっていた[8-12]．§3で詳述するが，これらのうち前彎症発生の問

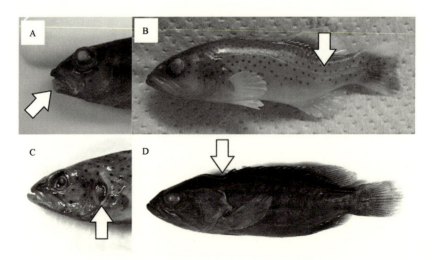

図4・1 ハタ科魚類で出ている形態異常例
A：顎異常，B：前彎症，C：鰓蓋欠損，D：背鰭陥没などが様々な頻度で生じている．これらの形態異常は外観に影響を与えるため種苗の価値を低下させる．

題はほぼ解決をみた[13]. 残る大きな問題は背鰭陥没である. ここでいう背鰭陥没は背鰭の欠損を伴わないものなので, ヨーロッパヘダイ Sparus aurata などで記載されている saddleback syndrome[14] とは区別し,「背鰭陥没」として扱う. 本稿で扱う背鰭陥没はタイ科の Diplodus sargus において saddleback-like syndrome[15] として記載されている表現型に近い. マハタでは前彎症, 椎体癒合, 背鰭陥没, 顎異常, 鰓蓋欠損, 後彎症などが出ているが, 商品価値をとくに低下させる前彎症が大きな問題となっている[16-22]. キジハタについては, 背鰭陥没, 顎異常, 鰓蓋欠損, 短躯症, 神経棘・血管棘の異常などが出現しているが, とくに背鰭陥没が問題となっている[23-25]. なお, ここで挙げたキジハタの背鰭陥没は過去の文献には頭後部陥没や saddleback syndrome として記載されているものであるが[23-25], 表現型がクエの背鰭陥没と同等なのでここでは背鰭陥没として扱う. スジアラでは前彎症, 鰓蓋欠損, 顎変形, 担鰭骨異常, 神経棘の異常などが発生しているが, とくに前彎症が大きな問題となっている[*3]. アカハタでは鰓蓋欠損, 顎異常などが生じているがとくに鰓蓋欠損が問題視されている[*4]. ヤイトハタでは突発的に短躯症が出現した事例もあるが, 形態異常はほとんど問題となっていない[26-30]. ヤイトハタでは種苗生産における選別で小型個体を廃棄しており, そのことが形態異常の出現頻度に影響しているかもしれない.

このように数年前まで大きな問題となっていた形態異常としてはクエ, マハタ, スジアラでは前彎症, クエとキジハタの背鰭陥没, アカハタでの鰓蓋欠損があり, そのうちとくに多くの種で発生する前彎症がまず解決すべき課題であった. また, ハタ科魚類で問題となっている形態異常はどれもハタ科魚類特有のものというわけではなく, 海産魚類全般で古くから問題となっている形態異常であることもわかった.

1・2 形態異常を引き起こす要因

種苗の形態異常を軽減するためには, 形態異常が「いつ」,「何によって」引き起こされるのかを突き止めることが重要である. 例えば, 胚期に異常が生じる場合, 仔魚期に異常が生じる場合, 稚魚期に異常が生じる場合のそれぞれにお

[*3] 宇治ら, 未発表
[*4] 川辺, 私信

いて，同じ要因による形態異常であっても形態異常の表現型は異なる可能性が考えられるからである．また形態異常を引き起こす要因の種類によっても生じる形態異常の表現型は異なるからである．さらに，形態異常を引き起こしている要因は必ずしも1つではなく，複合的な要因によって引き起こされていると考えられる．種苗に形態異常を引き起こす要因，時期を特定していくことで初めて適切な形態異常軽減策を講じることができる．

種苗の形態異常の原因と出現時期を特定することを困難にしている大きな理由の1つは，魚を飼育する技術と過程が種苗の形態異常の出現パターンと出現頻度に大きな影響を与えることにある．飼育技法は実際には環境要因のばらつきとして形態異常出現に影響を与える．形態異常軽減に取り組むための前提には，作業仮説として形態異常を起こすであろうと着目した要因以外の要因をできるだけ揃える手技が求められる．換言すれば，着目している要因のみを変化させることで，問題となっている形態異常を再現性高く発生させる高度な飼育技術が要求されるのである．このような飼育技法・実験方法が確立されないと，形態異常の発生要因までたどりつくことはきわめて困難である．

ハタ科魚類での形態異常を引き起こす要因に関する知見は，後述する前彎症に関するものを含めてまだわずかしかないが，ハタ科魚類の形態異常の表現型は他魚種と変わらないことから，他魚種の情報はハタ科魚類の形態異常を軽減する技術を開発するうえで非常に有用である．様々な魚種で形態異常を引き起こす要因は，以下のように環境要因，いわゆる卵質（遺伝要因を含む），疾病の3つに大別することができる．

種苗の形態異常の原因となる環境要因はさらに飼育環境と餌料環境に大別できる．飼育環境では，温度[31-35]，水流[34,36,37]，油膜[38,39]，光環境[40-42]，酸素濃度[43]，飼育密度[44]などが形態に影響を与えることが指摘されている．餌料環境としては，アミノ酸，リン脂質，不飽和脂肪酸，ビタミンなど[45,46]の多寡や，脂質の酸化[47]が種苗の形態に影響を与えることが示されている．これらの環境要因は前彎症，背鰭陥没，椎体癒合，顎異常，鰓蓋欠損など，ハタ科魚類にも出現している形態異常の発症に影響を与えることが示されている．

卵質（受精卵の質）としては，ひとつには遺伝的要因が形態異常の発生に影響を与えている可能性が示されている[3,48-51]．ハタ科魚類でわれわれが問題とし

ている前彎症や，前彎症を引き起こしうる鰾の異常についても遺伝的要因の関与が示唆されている．遺伝要因以外には，親魚の生理的状態，卵の過熟，卵黄に蓄積された内部栄養の違いなどが挙げられており，これらの要素もまた，孵化仔魚や稚魚の形態に影響を与えることが示唆されている[52-54]．

疾病についてはウイルスや粘液胞子虫によっても側彎症が引き起こされることを示した事例[55-57]がある．ただし，ハタ科魚類では側彎症はほとんど発症していない．

ここで気を付けるべき点は，上記のほとんどの要因が単独あるいは合わさって形態異常を引き起こすことができるということである．例えば通常の飼育では起こりえない温度変化を種苗に経験させれば，人為的に形態異常を引き起こせる[58,59]．このような場合，人為的に形態異常を制御でき，かつ再現性の高い実験系であったとしても，操作した要因が種苗生産の現場で問題となっている形態異常の原因と一致するとは考えにくい．実際の飼育の状況のなかから種苗の形態異常を引き起こす原因を抽出するべきである．

§2. 形態異常の可視化・評価手法

種苗の形態異常を判別する場合，観察者や生産者の主観に左右されることが多い．ここでは，客観的かつ定量的に種苗の形態異常を判断する手法の開発について概説する．

2・1 可視化手法

形態異常の調査としては主に，目視観察による外観異常調査と，軟X線撮影や生化学的染色などによる骨格異常に関する調査がある（図4・1，4・2）．種苗生産現場では，外観の異常によって種苗の商品価値が判断されるために，外観は最も重要な形質である．一方，骨格異常調査は，骨格異常により外観の異常が生じている場合は，外観に表現型が現れる前に検出できるため，形態異常が出現する時期の特定に非常に有用である．稚魚期以降の骨格調査は主に軟X線撮影で行われる．仔稚魚期の体サイズの小さい個体の硬骨や軟骨を可視化する方法としては，アリザリンレッドSによる硬骨染色法，アルシアンブルーによる軟骨染色法が一般的である[60]（口絵2）．

このように種苗の形態異常というと外観の異常と骨格異常がほとんどである．

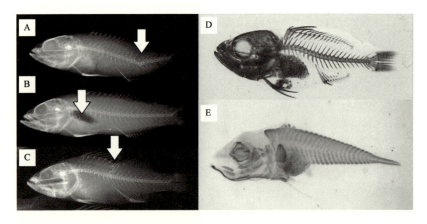

図4・2 骨，筋肉の可視化
A：前彎症個体の軟X線撮影装置画像例，B：開鰓個体の軟X線撮影装置画像例，C：背鰭陥没個体の軟X線撮影装置画像例，D：アリザリンレッド・アルシアンブルーによる硬骨・軟骨染色例（口絵2参照），E：仔魚筋肉の可視化例.

このことをあらためて考えてみると，種苗の外観は目視観察で，骨格は軟X線撮影などで簡便に観察できることから形態異常として多く報告されているともいえる．しかしながら，骨自体ではなく周りの組織に異常が起こり，その結果として骨格異常として検出される場合もある．例えばブリ Seriola quinqueradiata の粘液胞子虫による側彎症[56,57]やウイルス性変形症[55]の事例では，脳に寄生した粘液胞子虫やウイルスにより運動神経系の異常をきたし，体側筋が継続的に異常収縮する結果として骨格異常が生じる．また水流により過度に運動をさせることで骨格異常である前彎症を引き起こすことができることも知られており[37]，これも形態異常の根本原因は骨ではないが，表現型としては骨格異常として扱われている一例である．

　形態異常を調査する種苗の体サイズも様々で，小さいものは4 cm程度のものの報告もあるが，そのほとんどは目視で確認しやすい10 cm以上の個体である．このような種苗を発育段階のある時点で選別して形態異常魚を排除したにもかかわらず，その後の飼育過程で形態異常魚が出現してくることがある．選別後に新たに形態異常が発生する可能性もあるが，選別時には判断できなかった軽微な異常がすでに存在しており，のちに重篤化して認識できる表現型として現れたという可能性もある．後者のような場合を避けるためには，形態異常の生

じる初期の段階で形態異常を可視化する方法が必要である.

最近,免疫組織化学染色法を用いた仔魚の筋肉の簡便な可視化法が開発された[61,62].これにより硬骨魚類仔魚の骨格筋を簡便に可視化することが可能となった.その結果,マハタでは2日齢の仔魚においてすでに筋肉の異常をもつ個体が存在する事例があることがわかった.マハタのように浮上卵を産出する魚種の場合,大量の受精卵を水槽内で微通気によって管理すると,水槽の表層に浮上してきた卵が重なり合って多層化することがある.このように受精卵が多層状態になると,卵の一部は水との接触が極端に少なくなり低酸素状態が起こる.マハタの場合は,胚期の体節形成期の卵が低酸素に晒されると仔魚の筋肉に異常を起こすことが明らかになった.形態異常を可視化する技法の開発によって,種苗の形態異常の原因と出現時期を特定できた例である[63,64].このように形態異常を早期に発見するうえで,様々な組織について簡便に多検体を調べる可視化法のさらなる開発が望まれる.

2・2 評価手法

ハタ科魚類の形態異常の評価については,ほとんどの場合は各々の種苗生産機関が独自に定性的な評価を行っており,相互に比較可能なデータになっているとはいいがたい.そのため,観察者が変わると形態異常率が大きく変わったり,同一機関内であっても年ごとのデータの比較に客観性を示せない場合も多い.また,形態異常の要因を調べるためには形態異常の起こった箇所を精査する必要がある.例えば前彎症のなかには,脊椎骨の前彎する箇所の異なる場合があるが,現時点で得られる資料からは前彎症が発症していることはわかっても,脊椎骨の部位の差を区別して異常率を出すことができない.さらに,用語の問題がある.1・1に前述したように,クエで背鰭陥没といわれているものとキジハタでsaddleback syndromeや頭後部陥没と呼んでいるものは同じ表現型であった.形態異常に関する用語の統一も大きな課題である.

近年,安価で高性能なデジタルカメラ,フラットベットスキャナー,パソコンおよび無料の高機能測定ソフトウェアの登場などによって,魚類の形態を非常に手軽に定量的に評価することが可能となってきた.そこで,クエ,マハタ,スジアラの3魚種に共通の形態異常である前彎症を軽減する技術の開発にあたっては,水産総合研究センターが主催するクエ・マハタ種苗生産研究会において

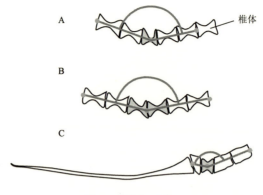

図4・3　前彎症の定義

　種苗生産機関間でデータを比較できるように形態異常の表現型の定義を統一し，各々に共通の調査項目を設定して定量的な調査を実施し，問題の解決にあたっている．例えば，上記3魚種の前彎症に関しては，屈曲している椎体（1つもしくは2つ）の中心と，その椎体を除いた前後2つ目の椎体の遠端側中央部とを結んだ線の角度で判定するように定めた（図4・3A, B）．第1椎骨付近で前後2つの椎体がとれない場合は第1椎骨の遠端側中央部を指標として使用する（図4・3C）．第1椎骨～第4椎骨における前彎症に関しては175度以下であれば前彎症とする．そのほかの椎骨の屈曲に関しては，170度以下であれば前彎症と判定し，190度以上であれば後彎症とする．このように定量的な基準を設けておけば，実際の現場では明らかに前彎症であるものは測定せず，判断が難しいときにだけ測定することで，相互比較の可能な形態異常率を算出することができる．また形態異常に関する共通の調査表においては，個体番号，全長，体重，外観調査，軟X線による調査，鰾の開腔（この章では開鰾と呼ぶ）とともに，どの脊椎骨に具体的にどのような異常（前彎症，後彎症，椎体癒合，椎体のずれ，背鰭陥没など）があるかどうかを記載するようにしている．ただし，未だに定量的に評価できない異常（椎体癒合，椎体のずれなど）もあり，これらの定量化は今後の課題である．

§3. 前彎症軽減への取り組み
3・1　前彎症と開鰾について

　前述したようにハタ科魚類の形態異常について最も早急に解決すべきは前彎症であった．前彎症とは体の前後軸に対して魚体が前側に向かって湾曲する形態異常である．重度の前彎は外観でもはっきりとわかるが，前彎症は脊椎骨の異常を伴うために，種苗の軟 X 線撮影をすることにより詳細な評価ができる．前彎症は様々な飼育環境によって生じることが指摘されているが，最もよく研究されている要因は，仔魚の水面からの空気飲み込みの失敗により開鰾が起こらないことである[38]．驚くべきことに，消化管と鰾が気道でつながっていない閉鰾魚の多くが，鰾への初回ガス充満を水面からの空気飲み込みによって行うことが支持されている[65]．鰾は体の比重調節を行うため，空気飲み込みに失敗し鰾が機能しないと中性浮力を保てなくなり，異常な体勢での過度の運動のため前彎症になり，低成長，減耗につながることが示されている[39,66,67]．波浪の起こる天然水域で閉鰾魚がこのような方法で開鰾しているのか確かめた例がなく，にわかには信じがたいが，少なくとも人工的な飼育環境下においては確かに水面からの空気飲み込みの行動が観察されており，様々な証拠がそれを支持している．

　仔魚の水面からの空気飲み込みを阻害する大きな要因として，ワムシや仔魚の死骸や糞などから出る油が水面に存在することが挙げられる．飼育環境では，仔魚が水面から空気を飲み込んで開鰾できるように水面の油膜を除去する必要がある．ハタ科魚類には浮上死（2章参照）というこの魚種群に特有の大きな問題があったため，仔魚の開鰾のための水面の油膜除去には現在も大きな困難を伴っている（図4・4）．ハタ科魚類の量産技術開発の歴史として，まず浮上死が問題となり[68]，その対策として飼育水槽に油を添加して水面に人為的に油膜を張ることで，浮上死を防ぎ量産化できるようになった[69]．しかしながら，ハタ科魚類において前彎症が多発すること，および開鰾個体が少ないことから，油膜が仔魚の水面からの空気飲み込みを阻害し，前彎症を引き起こしている可能性が考えられた．現在は，浮上死をなるべくさせず開鰾させるように，人為的に添加した油や，ワムシや仔魚の死骸や糞などに由来する油膜を空気飲み込みが行われる時期にだけ除去するような工夫がなされているところである．油膜

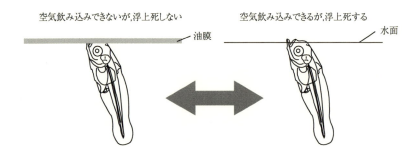

図4・4 空気の飲み込みと浮上死の関係

を除去するための方法としては様々な魚種で,スキーマー,ペーパータオル,シャワーなどを使った多くのやり方が考案されており,興味深いことにそれぞれ魚種により適した方法が異なるようである[39, 70, 71)]。

　ここで気を付けるべき点は,開鰾しなかった個体がすべて前彎症になるのではないということである.開鰾しないと中性浮力を確保するために筋肉を過度に働かせる必要があり,それゆえ前彎症になりやすいと考えるべきである.つまり開鰾しないと前彎症になるリスクが高まると考えたほうがいい.例えば,クエ,マハタ,スジアラなどは量産過程において前彎症が問題となっている一方で,キジハタの場合は油膜除去をせず開鰾が起こらなくても前彎症はほとんどみられない.アカハタの場合も開鰾と前彎症の間には相関がみられない[*5].魚種は違うがクロマグロにおいても開鰾と前彎症は関連がみられない[72)].このように魚種によって種苗の前彎症発生に対する仔魚期の開鰾の影響の度合いは大きく異なる.少なくともハタ科魚類の天然個体の鰾は開鰾しているので人工種苗においても開鰾していることが健苗であると考えられるが,今後それぞれの魚種特有の行動特性と前彎症の発生を連結させる研究が期待される.

　仔魚の開鰾を確認する方法には大きく分けると,実体顕微鏡での観察,透明ガラス板を用いた方法,軟X線撮影の3つがある.実体顕微鏡での観察では,メラノフォアやイリドフォアが鰾の場所にあるため慣れるまで正確に観察することは難しい(図4・5A, B).慣れるまでは,先を研磨したピンセットを使って実体顕微鏡下で鰾を解剖し空気が入っていることを確認するとよい.透明ガラ

[*5] 川辺,私信

ス板を用いた方法では，ガラス板の間に仔魚を挟んで軽く押してやり，鰾の位置を色素胞からずらしてやることで鰾のなかに空気が入っているかどうかを実体顕微鏡もしくは正立光学顕微鏡下で観察する（図4・5C）．仔魚表皮の凹凸とガラス面の間に気泡が入ることがよくあるので必ず空気が鰾のなかに入っていることを確認することが重要である（図4・5C）．軟X線撮影は稚魚，成魚はもちろん，全長4〜5 mmサイズの仔魚でも開鰾の確認ができる（図4・5D, E）．その場ですぐに確認できないのが難点だが，仔魚を冷凍しておいて，後でまとめて多検体を同時に撮影して確認できるメリットがある．−25℃で冷凍保存すれば少なくとも10日は鰾中の空気は残っている[73)]．

3・2 クエにおける前彎症軽減技術開発

各種苗生産現場では，仔稚魚の正確な開鰾率を求め開鰾する時期を特定することで，油膜除去を実施する期間を特定して仔魚の開鰾

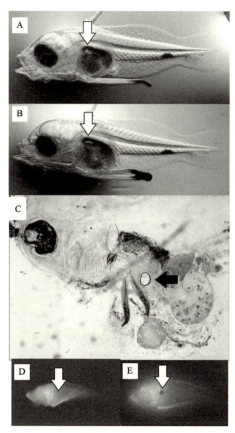

図4・5 仔魚の開鰾調査法
A：実体顕微鏡で観察した未開鰾個体．開鰾しているかどうかわかりづらい．B：実体顕微鏡で観察した開鰾個体．C：板ガラスを用いて鰾を押しずらして観察した開鰾個体．鰾のなかに空気があるのがわかる．D：軟X線撮影装置で撮影した未開鰾個体．E：軟X線撮影装置で撮影した開鰾個体．写真Dと異なり鰾のところが黒く抜けて開鰾しているのがわかる．

を促すとともに，浮上死も最低限に抑えることが可能である．クエの種苗生産で度々発生する前彎症（図4・1，4・2参照）は，成長につれて外観上は頭部が反り上がって見えるようになり顕在化する．このような魚は商品価値も低く，出

荷先からのクレームの対象にもなる．本症は全長3cmサイズの稚魚では異常魚の判別が難しく，さらに全長15cmの種苗出荷サイズまでに数回の異常魚選別を行った場合でも選別もれが生じ，出荷後に頭部の反り上がりが顕在化してくる例もある．クエの種苗生産については，近年の生残率向上技術などの大きな進展に伴い，計画的かつ安定的な種苗の量産化が実現してきているものの，生産された種苗には度々前彎症が高率に出現していた．長崎県総合水産試験場（長崎水試）でも2009年に23万尾の種苗生産に成功したが，生産した種苗には前彎症が約7割出現していた．そこで，良質なクエ種苗を安定的に生産することを目的として，種苗生産における飼育水面の油膜除去と仔魚の開鰾率および前彎症発生率との関係を調査した．

　試験区は，種苗生産時に飼育水面の油膜を除去する油膜除去区と油膜を除去しない油膜非除去区とした．油膜除去の方法は，徹底的に油膜を除去するために，油膜を含む表面水をオーバーフローで水槽の外へ絶え間なく流す方式（オーバーフロー方式）（図4・6）を採用した．

　その結果，油膜除去区の開鰾率（30日齢）は80％であったのに対し，油膜非除去区ではわずか5％であった．また，前彎症の発生率（90日齢）は開鰾個体では2％，未開鰾個体で60％となった（図4・7）．このように，仔魚の開鰾が始まる5〜10日齢から飼育水面の油膜除去を徹底して行うことで，仔魚の開鰾率は向上し，前彎症の発生を軽減できることが明らかとなった．

　クエ人工種苗の前彎症の発生は，全国の種苗生産機関において大きな問題となっていたが，この技術開発の結果，前彎症の発生を大幅に軽減させることに成功した．ここで技術的に重要なポイントは，仔魚の開鰾時期に飼育水面の油膜をオーバーフロー方式により徹底的に除去することである．クエの場合は通常のスキーマー方式では完全に油膜除去できず開鰾の起こらない場合が多いことから，徹底的な油膜除去が可能なオーバーフロー方式が適している．長崎水試では2010年よりオーバーフロー方式による新規の油膜除去法を導入することで，2010年以降の仔魚の開鰾率は高く前彎症も認められなくなった[13]．現在，本手法は他機関・他魚種にも導入され，有効性が確認されつつある．

　前彎症を含め形態異常魚を完全にゼロにすることは困難だが，健苗の生産技術開発においても重要な安定生産という観点からは，形態異常の出現率を毎年

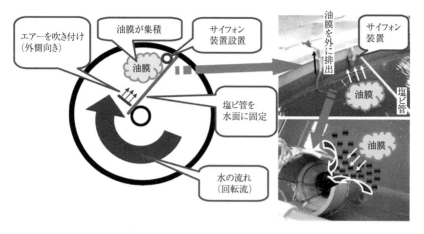

図4・6　オーバーフロー方式による油膜除去法
　　　　飼育水面に浮いて流れている油膜を水面に固定した塩ビ管とエアー吹き付けにより1ヶ所に集積させ，右写真のサイフォン装置により油膜を絶え間なく水槽の外に排出させる．

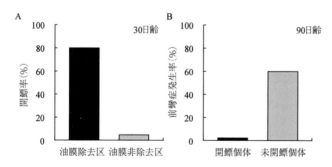

図4・7　A：油膜除去・油膜非除去区と開鰾率との関係，およびB：開鰾・未開鰾個体と前彎症発生率との関係

低率に抑えることが現実的な目標となる．形態異常を軽減するにあたっては，実際に起きている形態異常が仔稚魚の成長・発達過程のいつごろ生じているのかを突き止めることが第一歩である．そのため，種苗生産を行うにあたって客観的な形態異常表現型を定めて定量評価を行うことと，形態異常出現の有無にかかわらず常に経時的な仔稚魚のサンプリングを行っておき，データを蓄積していくことが必須である．

文献

1) Boglione C, Gavaia P, Koumoundouros G, Gisbert E, Moren M, Fontagné S, Witten PE. Skeletal anomalies in reared European fish larvae and juveniles. Part 1: normal and anomalous skeletogenic processes. *Rev. Aquacult.* 2013; 5: S99-S120.

2) Cobcroft JM, Battaglene SC. Skeletal malformations in Australian marine finfish hatcheries. *Aquaculture* 2013; 396-399: 51-58.

3) Izquierdo MS, Socorro J, Roo J. Studies on the appearance of skeletal anomalies in red porgy: effect of culture intensiveness, feeding habits and nutritional quality of live preys. *J. Appl. Ichthyol.* 2010; 26: 320-326.

4) Andrades JA, Becerra J, Fernández-Llebrez P. Skeletal deformities in larval, juvenile and adult stages of cultured gilthead sea bream (*Sparus aurata* L.). *Aquaculture* 1996; 141: 1-11.

5) Barahona-Fernandes MH. Body deformation in hatchery reared European sea bass *Dicentrarchus labrax* (L). Types, prevalence and effect on fish survival. *J. Fish Biol.* 1982; 21: 239-249.

6) Cobcroft JM, Battaglene SC. Jaw malformation in striped trumpeter *Latris lineata* larvae linked to walling behaviour and tank colour. *Aquaculture* 2009; 289: 274-282.

7) Paperna I. Swimbladder and skeletal deformations in hatchery bred *Spams aurata*. *J. Fish Biol.* 1978; 12: 109-114.

8) 中田 久, 築山陽介, 濱﨑将臣, 宮木廉夫. 新魚種種苗生産技術開発研究. 長崎県水産試験場事業報告（平成21年度）2010; 63.

9) 中田 久, 築山陽介, 濱﨑将臣, 宮木廉夫. 新魚種種苗生産技術開発研究. 長崎県水産試験場事業報告（平成22年度）2011; 57-59.

10) 中岡典義, 伊藤冬樹, 水野かおり, 山下浩史. II 魚種別種苗生産概要 4 クエ. 愛媛県農林水産研究所水産研究センター事業報告 平成23年度 2013; 128-129.

11) 中岡典義, 藤田慶之, 伊藤冬樹, 山下浩史, 水野かおり, 久米 洋. II 魚種別種苗生産概要 4 クエ. 愛媛県農林水産研究所水産研究センター事業報告 平成21年度 2011; 128-129.

12) 藤田慶之, 中岡典義, 伊藤冬樹, 山下浩史, 水野かおり, 久米 洋. II 魚種別種苗生産概要 4 クエ. 愛媛県農林水産研究所水産研究センター事業報告 平成22年度 2012; 123-124.

13) 中田 久, 築山陽介, 濱﨑将臣, 宮木廉夫. 良質な種苗の生産技術開発. I 形態異常の低減化技術開発（クエ）. 長崎県水産試験場事業報告（平成23年度）2012; 47-48.

14) Koumoundouros G, Divanach P, Kentouri M. The effect of rearing conditions on development of saddleback syndrome and caudal fin deformities in *Dentex dentex* (L.). *Aquaculture* 2001; 200: 285-304.

15) Sfakianakis DG, Koumoundouros G, Anezaki L, Divanach P, Kentouri M. Development of a saddleback-like syndrome in reared white seabream *Diplodus sargus* (Linnaeus, 1758). *Aquaculture* 2003; 217: 673-676.

16) Nagano N, Hozawa A, Fujiki W, Yamada T, Miyaki K, Sakakura Y, Hagiwara A. Skeletal development and deformities in cultured larval and juvenile seven-band grouper, *Epinephelus septemfasciatus* (Thunberg). *Aquac. Res.* 2007; 38: 121-130.

17) 岡田一宏, 二郷卓生, 糟谷 享, 河村 剛, 加藤高史, 濱辺 篤. 良質なマハタ種苗供給対策事業. 平成23年度三重県栽培漁業センター三重県尾鷲栽培漁業センター事業報告書 2012; 49-57.

18) 岡田一宏, 二郷卓生, 糟谷 享, 瀬古慶子, 河村 剛, 加藤高史, 濱辺 篤, 辻 将治. 海洋深層水利活用マハタ種苗生産試験.

平成 22 年度三重県栽培漁業センター三重県尾鷲栽培漁業センター事業報告書 2011; 48-53.
19) 岡田一宏, 糟谷　享, 二郷卓生, 河村　剛, 加藤高史, 濱辺　篤. マハタ種苗生産. 平成 24 年度三重県栽培漁業センター三重県尾鷲栽培漁業センター事業報告書 2013; 50-53.
20) 中岡典義, 伊藤冬樹, 水野かおり, 山下浩史. II 魚種別種苗生産概要　3 マハタ. 愛媛県農林水産研究所水産研究センター事業報告 平成 23 年度 2013; 126-127.
21) 中岡典義, 藤田慶之, 伊藤冬樹, 山下浩史, 水野かおり, 久米　洋. II 魚種別種苗生産概要　3 マハタ. 愛媛県農林水産研究所水産研究センター事業報告 平成 22 年度 2012; 121-122.
22) 藤田慶之, 中岡典義, 伊藤冬樹, 山下浩史, 水野かおり, 久米　洋. II 魚種別種苗生産概要　3 マハタ. 愛媛県農林水産研究所水産研究センター事業報告 平成 21 年度 2011; 126-127.
23) Setiadi E, Tsumura S. Observation on skeletal deformity in hatchery-reared red spotted grouper, *Epinephelus akaara*（Temmick Et Schlegel）from larval to juvenil stage. *Indonesian Aquacult. J.* 2007; 2: 35-45.
24) Setiadi E, Tsumura S, Kassam D, Yamaoka K. Effect of saddleback syndrome and vertebral deformity on the body shape and size in hatchery-reared juvenile red spotted grouper, *Epinephelus akaara*（Perciformes: Serranidae）: a geometric morphometric approach. *J. Appl. Ichthyol.* 2006; 22: 49-53.
25) 明石英幹, 安部享利. キジハタ人工種苗に多発する頭後部陥没を症徴とする形態異常魚の放流標識としての可能性. 香川県水産試験場研究報告 2011; 12: 13-18.
26) 木村基文, 岸本和雄, 仲本光男. 2009 年度のヤイトハタの種苗生産・二次飼育・出荷（ヤイトハタ種苗生産事業）. 沖縄県水産海洋研究センター事業報告書 2010; 89-93.
27) 木村基文, 岸本和雄, 仲本光男. 2010 年度の養殖ヤイトハタ種苗の二次飼育・出荷（ヤイトハタ種苗生産事業）. 沖縄県水産海洋研究センター事業報告書 2011; 93-96.
28) 木村基文, 岸本和雄, 山内　岬, 仲本光男. 2011 年度の養殖用ヤイトハタ種苗の二次飼育・出荷（ヤイトハタ種苗生産事業）. 沖縄県水産海洋研究センター事業報告書 2012; 63-66.
29) 木村基文, 狩俣洋文, 仲本光男, 呉屋秀夫. ヤイトハタの種苗生産・二次飼育・出荷（ヤイトハタ種苗生産事業）. 沖縄県水産海洋研究センター事業報告書 2008; 200-205.
30) 木村基文, 狩俣洋文, 仲本光男, 呉屋秀夫. 2008 年度のヤイトハタの種苗生産・二次飼育・出荷. 沖縄県水産海洋研究センター事業報告書 2009; 174-178.
31) Abdel I, Abellán E, López-Albors O, Valdés P, Nortes MJ, García-Alcázar A. Abnormalities in the juvenile stage of sea bass （*Dicentrarchus labrax* L.）reared at different temperatures: types, prevalence and effect on growth. *Aquacult. Int.* 2004; 12: 523-538.
32) Georgakopoulou E, Angelopoulou A, Kaspiris P, Divanach P, Koumoundouros G. Temperature effects on cranial deformities in European sea bass, *Dicentrarchus labrax*（L.）. *J. Appl. Ichthyol.* 2007; 23: 99-103.
33) Georgakopoulou E, Katharios P, Divanach P, Koumoundouros G. Effect of temperature on the development of skeletal deformities in Gilthead seabream（*Sparus aurata* Linnaeus, 1758）. *Aquaculture* 2010; 308: 13-19.
34) Sfakianakis DG, Georgakopoulou E, Papadakis IE, Divanach P, Kentouri M, Koumoundouros G. Environmental determinants of haemal lordosis in European sea bass, *Dicentrarchus labrax*（Linnaeus, 1758）. *Aquaculture* 2006; 254: 54-64.

35) Sfakianakis DG, Koumoundouros G, Divanach P, Kentouri M. Osteological development of the vertebral column and of the fins in *Pagellus erythrinus* (L. 1758). Temperature effect on the developmental plasticity and morpho-anatomical abnormalities. *Aquaculture* 2004; 232: 407-424.
36) Divanach P, Papandroulakis N, Anastasiadis P, Koumoundouros G, Kentouri M. Effect of water currents on the development of skeletal deformities in sea bass (*Dicentrarchus labrax* L.) with functional swimbladder during postlarval and nursery phase. *Aquaculture* 1997; 156: 145-155.
37) Kihara M, Ogata S, Kawano N, Kubota I, Yamaguchi R. Lordosis induction in juvenile red sea bream, *Pagrus major*, by high swimming activity. *Aquaculture* 2002; 212: 149-158.
38) 北島 力, 塚島康生, 藤田矢郎, 渡辺 武, 米 康夫. マダイ仔魚の空気呑み込みと鰾の開腔および脊柱前彎症との関連. 日水誌 1981; 47: 1289-1294.
39) Chatain B, Ounais-Guschemann N. Improved rate of initial swim bladder inflation in intensively reared *Sparus auratus*. *Aquaculture* 1990; 84: 345-353.
40) Blanco-Vives B, Villamizar N, Ramos J, Bayarri MJ, Chereguini O, Sánchez-Vázquez FJ. Effect of daily thermo- and photo-cycles of different light spectrum on the development of Senegal sole (*Solea senegalensis*) larvae. *Aquaculture* 2010; 306: 137-145.
41) Villamizar N, Blanco-Vives B, Migaud H, Davie A, Carboni S, Sánchez-Vázquez FJ. Effects of light during early larval development of some aquacultured teleosts: A review. *Aquaculture* 2011; 315: 86-94.
42) Villamizar N, García-Alcazar A, Sánchez-Vázquez FJ. Effect of light spectrum and photoperiod on the growth, development and survival of European sea bass (*Dicentrarchus labrax*) larvae. *Aquaculture* 2009; 292: 80-86.
43) Hattori M, Sawada Y, Kurata M, Yamamoto S, Kato K, Kumai H. Oxygen deficiency during somitogenesis causes centrum defects in red sea bream, *Pagrus major* (Temminck et Schlegel). *Aquac. Res.* 2004; 35: 850-858.
44) Roo FJ, Hernández-Cruz CM, Socorro JA, Fernández-Palacios H, Izquierdo MS. Occurrence of skeletal deformities and osteological development in red porgy *Pagrus pagrus* larvae cultured under different rearing techniques. *J. Fish Biol.* 2010; 77: 1309-1324.
45) Lall SP, Lewis-McCrea LM. Role of nutrients in skeletal metabolism and pathology in fish - An overview. *Aquaculture* 2007; 267: 3-19.
46) Cahu C, Zambonino Infante J, Takeuchi T. Nutritional components affecting skeletal development in fish larvae. *Aquaculture* 2003; 227: 245-258.
47) Lewis-McCrea LM, Lall SP. Effects of moderately oxidized dietary lipid and the role of vitamin E on the development of skeletal abnormalities in juvenile Atlantic halibut (*Hippoglossus hippoglossus*). *Aquaculture* 2007; 262: 142-155.
48) Afonso JM, Montero D, Robaina L, Astorga N, Izquierdo MS, Ginés R. Association of a lordosis-scoliosis-kyphosis deformity in gilthead seabream (*Sparus aurata*) with family structure. *Fish Physiol. Biochem.* 2000; 22: 159-163.
49) McKay LR, Gjerde B. Genetic variation for a spinal deformity in Atlantic salmon, *Salmo salar*. *Aquaculture* 1986; 52: 263-272.
50) Peruzzi S, Westgaard J-I, Chatain B. Genetic investigation of swimbladder inflation anomalies in the European sea bass, *Dicentrarchus labrax* L. *Aquaculture* 2007; 265: 102-108.
51) 谷口順彦, 東 健作, 楳田 晋. マダイ人工種苗の脊椎異常発生率にみられた親

間差. 日水誌 1984; 50: 787-792.
52) Watanabe T, Vassallo-Agius R. Broodstock nutrition research on marine finfish in Japan. *Aquaculture* 2003; 227: 35-61.
53) Aegerter S, Jalabert B. Effects of postovulatory oocyte ageing and temperature on egg quality and on the occurrence of triploid fry in rainbow trout, *Oncorhynchus mykiss*. *Aquaculture* 2004; 231: 59-71.
54) Bonnet E, Montfort J, Esquerre D, Hugot K, Fostier A, Bobe J. Effect of photoperiod manipulation on rainbow trout (*Oncorhynchus mykiss*) egg quality: A genomic study. *Aquaculture* 2007; 268: 13-22.
55) Nakajima K, Maeno Y, Arimoto M, Inouye K, Sorimachi M. Viral deformity of yellowtail fingerlings. *Fish Pathol.* 1993; 28: 125-129.
56) 阪口清次, 原 武史, 松里寿彦, 柴原敬生, 山形陽一, 河合 博, 前野幸男. 養殖ハマチの粘液胞子虫寄生による側弯症. 養殖研究所研究報告 1987; 21: 79-86.
57) Yokoyama H, Freeman MA, Itoh N, Fukuda Y. Spinal curvature of cultured Japanese mackerel *Scomber japonicus* associated with a brain myxosporean, *Myxobolus acanthogobii. Dis. Aquat. Organ.* 2005; 66: 1-7.
58) Roy MN, Prince VE, Ho RK. Heat shock produces periodic somitic disturbances in the zebrafish embryo. *Mech. Dev.* 1999; 85: 27-34.
59) Wargelius A, Fjelldal PG, Hansen T. Heat shock during early somitogenesis induces caudal vertebral column defects in Atlantic salmon (*Salmo salar*). *Dev. Genes Evol.* 2005; 215: 350-357.
60) 河村功一, 細谷和海. 改良二重染色法による魚類透明骨格標本の作製. 養殖研究所研究報告 1991; 20:11-18
61) Uji S, Kurokawa T, Suzuki T. Muscle development in the Japanese flounder, *Paralichthys olivaceus*, with special reference to some of the larval-specific muscles. *J.*

Morphol. 2010; 271: 777-792.
62) Uji S, Seikai T, Suzuki T, Okuzawa K. Muscle development in the bamboo sole *Heteromycteris japonicus* with special reference to larval branchial levators. *J. Fish Biol.* 2013; 83: 1-13.
63) Uji S, Suzuki T, Iwasaki T, Teruya K, Hirasawa K, Shirakashi M, Onoue S, Yamashita Y, Okuzawa K. Development of the musculature and muscular abnormalities in larval seven-band grouper *Epinephelus septemfasciatus. Fish. Sci.* 2013; 79: 277-284.
64) Uji S, Suzuki T, Iwasaki T, Teruya K, Hirasawa K, Shirakashi M, Onoue S, Yamashita Y, Tsuji M, Tsuchihashi Y, Okuzawa K. Effect of temperature, hypoxia and disinfection with ozonated seawater during somitogenesis on muscular development of the trunk in larval seven-band grouper, *Epinephelus septemfasciatus* (Thunberg). *Aquac. Res.* 2014; DOI: 10.1111/are.12425.
65) Woolley LD, Qin JG. Swimbladder inflation and its implication to the culture of marine finfish larvae. *Rev. Aquacult.* 2010; 2: 181-190.
66) Czesny SJ, Graeb BDS, Dettmers JM. Ecological consequences of swim bladder noninflation for larval yellow perch. *T. Am. Fish. Soc.* 2005; 134: 1011-1020.
67) 北島 力. マダイの採卵と稚魚の量産に関する研究. 長崎県水産試験場論文集 1978; 5: 1-92.
68) Yamaoka K, Nanbu T, Miyagawa M, Isshiki T, Kusaka A. Water surface tension-related deaths in prelarval red-spotted grouper. *Aquaculture* 2000; 189: 165-176.
69) 土橋靖史, 栗山 功, 黒宮香美, 柏木正章, 吉岡 基. マハタの種苗生産過程における仔魚の活力とその生残に及ぼす水温, 照明およびフィードオイルの影響. 水産増殖 2003; 51: 49-54.

70) Clayton RD, Summerfelt RC. Gas bladder inflation in walleye fry cultured in turbid water with and without a surface spray. *North American Journal of Aquaculture* 2010; 72: 338-342.
71) 川辺勝俊,木村ジョンソン.油膜回収装置によるアカハタ仔魚の鰾開腔率改善.水産増殖 2008; 56: 613-617.
72) Kurata M, Ishibashi Y, Seoka M, Honryo T, Katayama S, Fukuda H, Takii K, Kumai H, Miyashita S, Sawada Y. Influence of swimbladder inflation failure on mortality, growth and lordotic deformity in Pacific bluefin tuna, *Thunnus orientalis*, (Temminck & Schlegel) postflexion larvae and juveniles. *Aquac. Res.* 2013; DOI: 10.1111/are.12304.
73) Koumoundouros G, Divanach P, Savaki A, Kentouri M. Effects of three preservation methods on the evolution of swimbladder radiographic appearance in sea bass and sea bream juveniles. *Aquaculture* 2000; 182: 17-25.

5章　ウイルス疾病の科学

森　広一郎[*1]・佐藤　純[*1]・米加田　徹[*1]

§1. ウイルス性神経壊死症の感染経路と防除対策
1・1　ハタ科魚類の増養殖業で問題となるウイルス病

　近年，海面養殖業は飼料の高騰や魚価の低迷などから厳しい経営状況にあり，経済効率の高い新規養殖種の開発が望まれている．ハタ科魚類は，西日本の多くの県で新規養殖種として期待されており，ここ10年の間に，親魚の養成技術や高い歩留まりが確保できる種苗生産技術が大きく進展し，養殖魚の量産体制は整いつつある．一方で，種苗生産あるいは養殖試験開始当初から，ベータノダウイルスを原因とするウイルス性神経壊死症（Viral Nervous Necrosis：VNN）が，キジハタ Epinephelus akaara[1]，クエ E. bruneus[2]，マハタ E. septemfasciatus[3,4]で発生し量産の大きな障壁となった．海外では，このVNNのほか，イリドウイルス科のウイルスによる感染症が，東南アジアのヤイトハタ E. malabaricus やヒトミハタ E. tauvina など多くのハタ科魚類で発生し大きな問題となっている[5]．これらの原因ウイルスは同一ではなく，Megalocytivirus 属や Ranavirus 属に近縁とされる複数のウイルスが存在する[6]．わが国においても，ヤイトハタなどの一部に，Megalocytivirus に属するとされるマダイイリドウイルスによる被害が報告されている[7,8]．なお，最近，わが国ではマダイ Pagrus major などで使用されているマダイイリドウイルス病不活化ワクチンの効能が拡大され，ヤイトハタ，チャイロマルハタ E. coioides，クエおよびマハタなどのハタ科魚類でも本病予防に使用できるようになった[*2]．

　本章では，わが国の多くのハタ科魚類の種苗生産過程および一部では養殖過程でも問題となるVNNに焦点を絞り，これまでに得られている本病防除に向けた研究開発の成果について紹介する．

[*1] 水産総合研究センター増養殖研究所
[*2] 農林水産省消費安全局 http://www.maff.go.jp/j/syouan/suisan/suisan_yobo/index.html

1・2 発生状況と原因ウイルス

VNNは，主に海産魚の種苗生産過程に発生するウイルス病で，Yoshikoshi and Inoue[9]によってイシダイ Oplegnathus fasciatus 仔稚魚で初めて報告され，中枢神経系および網膜の神経細胞の壊死およびその崩壊に伴う空胞形成を特徴とする主病変から「ウイルス性神経壊死症」と名付けられた．その後，わが国ではキジハタやシマアジ Pseudocaranx dentex[10] などでも発生し，いずれの魚種においても本病発生により飼育中の仔魚が全滅に至ることもあり大きな被害をもたらした．また海外においても VNN と同じ疾病（Viral Encephalopathy and Retinopathy：VER とも呼ばれる）が，オーストラリア，タヒチやインドネシア，フィリピン，マレーシアおよびシンガポールといった東南アジア諸国のバラマンディ Lates calcarifer，ノルウェーのターボット Scophthalmus maximus，フランスのヨーロッパスズキ Dicentrarchus labrax，シンガポールのヒトミハタ，シンガポールおよびタイのチャイロマルハタなど，オセアニア，東南アジアや欧州，最近では北米，中東，南アジアなど広く諸外国において発生が確認されている．当初は海産魚特有の疾病と考えられていたが淡水魚でも発生が報告され，これまでに8目24科44種と非常に多くの魚類で発生し世界的に大きな問題となっている[11,12]．

本病の原因ウイルスは，直径が約25 nmの小型で球形のウイルスで，エンベロープをもたず，ウイルスの核酸はプラスセンスの1本鎖RNAで2分節のゲノム，すなわち分子量が 1.01×10^6 のRNA1と分子量が 0.49×10^6 のRNA2を有するなどの特徴から，ノダウイルス科に分類された[10]．現在の第9回の国際ウイルス命名委員会の報告では，ノダウイルス科は昆虫を宿主とするアルファノダウイルス属，魚類を宿主とするベータノダウイルス属に細分され，本ウイルスは後者に分類されている[13]（図5・1，表5・1）．また，RNA1遺伝子にはRNAポリメラーゼが，RNA2遺伝子には外被タンパク質がそれぞれコードされている．ベータノダウイルス属内ではRNA2の相同性により，SJNNVタイプ，TPNNVタイプ，BFNNVタイプおよびRGNNVタイプの4つの遺伝子型に大別されることが報告されており[14]，この遺伝子型と関連するA，BおよびC型の3つの血清型が知られている[15]．また，4つの遺伝子型ではその至適増殖温度が大きく異なり[16]，これら増殖温度の違いは，遺伝子型ごとの罹病魚種

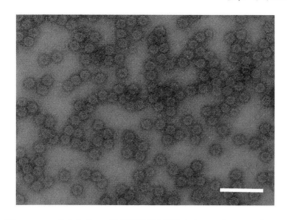

図 5・1 マハタのウイルス性神経壊死症原因ウイルス（RGNNV）
スケールバーは 100 nm，ウイルス粒子の大きさ：直径約 25 nm．

表 5・1 ウイルス性神経壊死症（VNN）原因ウイルスの性状

形状	球形（直径約 25 nm），エンベロープなし
タンパク質	42 kDa（外被タンパク質）
核酸	プラスセンス 1 本鎖 RNA，2 分節，PolyA 鎖なし
	RNA1：分子量 1.01×10^6（RNA ポリメラーゼをコード）
	RNA2：分子量 0.49×10^6（外被タンパク質をコード）
分類	ノダウイルス科（*Nodaviridae*）
	ベータノダウイルス属（*Betanodavirus*）
	基準種：SJNNV（striped jack nervous necrosis virus）
血清型	A，B および C
遺伝子型	SJNNV，RGNNV，BFNNV および TPNNV
発生地域	東アジア，東南アジア，オセアニア，欧州，北米，中東，南アジア

の育成水温，すなわち疾病発生水温の偏りともよく一致している．例えば，至適増殖温度が高い RGNNV タイプの被害は暖水性魚種で，至適増殖温度が低い BFNNV タイプの被害は冷水性魚種で，それぞれ多く認められている．暖水性魚類であるハタ科魚類の VNN 原因ウイルスは，遺伝子型は RGNNV タイプ，血清型は C 型に属する（表 5・2）．

表5・2 ベータノダウイルスの遺伝子型および血清型と被害魚種

遺伝子型	血清型	被害魚種	ウイルスの至適培養温度
SJNNV	A	シマアジ	20～25℃
TPNNV	B	トラフグ	20℃
RGNNV	C	マハタ，キジハタ，クエ，サラサハタ，チャイロマルハタ，ヨーロッパスズキ，バラマンディなど	25～30℃
BFNNV	C	マツカワ，ヒラメ，大西洋オヒョウなど	15～20℃

1・3 症状と診断方法

本病は主として仔稚魚期に発生し，外見的にはほとんど症状は認められないが，病魚は旋回あるいは回転などの異常遊泳を示す．マハタなどの一部の魚種においては，鰾の異常膨満による横転，転覆といった症状も認められる[3]．また組織学的には，中枢神経系および網膜の神経細胞の壊死崩壊に伴う大型の空胞形成を特徴とし，壊死細胞および周辺細胞の細胞質中に小型で球形のウイルス粒子が高密度に観察される（図5・2）[11,12]．

本病の診断方法は，組織切片を作製し，本病の特徴である神経組織の壊死やそれに伴う空胞形成の確認，あるいは電子顕微鏡によるウイルス粒子の観察以外に，免疫学的手法として抗SJNNVウサギ血清を用いた蛍光抗体法（FAT：fluorescent antibody technique）などによる組織切片中のウイルスタンパク質の検出[17]や，分子生物学的手法として，RNA2の塩基配列をもとに作製したプライマーを用いたRT-PCR（reverse transcription polymerase chain reaction）[18,19]によるウイルス核酸の検出が報告されている．

さらに，培養細胞を用いた診断手法として，striped snakehead *Ophicephalus striatus* 由来でC-typeレトロウイルス（SnRV）が持続感染したSSN-1細胞がベータノダウイルスを培養可能であることが報告され[20,21]，さらに分離培養に適したSSN-1細胞のクローン細胞であるE-11細胞[16]や，チャイロマルハタ由来のGF-1細胞[22]などが作製されている（図5・3）．前述のRT-PCRのうちNishizawa et al.[18]により開発された方法はSJNNV（SJNNVタイプの遺伝子型）検出用に開発されたものであり，他の遺伝子型（TPNNV，BFNNVおよびRGNNVタイプ）のウイルスに用いた場合，検出感度および特異性の低下が予

想される．このRT-PCRで増幅される領域内部に，遺伝子型に合った新たなPCRプライマーを作製し，それらを用いたnested PCRによりウイルス検出感度および特異性の向上も図られている[23]．

1・4 垂直感染と水平感染

本病の種苗生産過程での感染経路は，親魚からの垂直感染が主たる経路と考えられており，実際にキジハタでは漁獲され親魚候補となる天然魚がすでにVNN原因ウイルスに高い確率で感染していることが確認されている[24]．垂直感染の対策として，シマアジで発生したVNNでは，PCR法による親魚生殖腺のウイルス検査で陰性の親魚だけを採卵に用いる親魚選別法，さらに，オキシダント海水を用いた受精卵の消毒が防除に有効であることが報告されている[25,26]．また，同様の対策がマツカワやマハタにおいても有効であったことが報告されている[27,28]．

一方，陸上での種苗生産水槽から屋外の海上生簀へ移した後の養成過程では水平感染が主たる経路と考えられ，とくにマハタでは出荷サイズの大型魚でも感染死亡が認められることから[3]，この水平

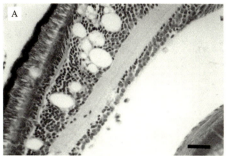

図5・2 ウイルス性神経壊死症に感染した病魚の病理組織
A：キジハタ仔魚の網膜に認められる神経細胞の壊死と空胞（H&E染色）．スケールバーは25 μm．B：シマアジ仔魚の細胞質内に結晶状に配列した原因ウイルス（直径約25 nm）．スケールバーは200 nm．C：生簀で転覆あるいは横転するマハタと瀕死個体の異常膨満した鰾（左下）．

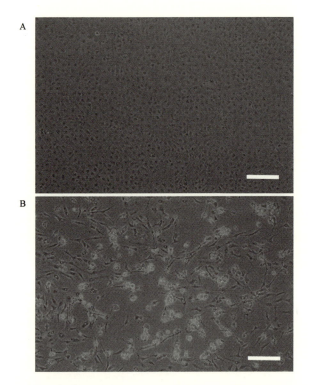

図 5·3 ウイルス性神経壊死症原因ウイルスの感染によって E-11 細胞に認められた
細胞変性効果（CPE）
A：正常細胞，B：感染細胞．スケールバーは 100 μm．

感染対策のためには予防免疫が不可欠と考えられる．海上生簀での感染源については，生簀周辺の野生魚など多くの野生魚が VNN 原因ウイルスを保有していることが確認されていることから[29]，これらが感染源となっていることが予想される．

§2. 種苗生産過程のウイルス性神経壊死症防除技術の開発
2·1 これまでの感染防除技術

本ウイルスの消毒条件に関する知見は，シマアジの VNN 原因ウイルスである SJNNV で得られており，次亜塩素酸，塩化ベンザルコニウムおよびヨウ素では 50 mg/L の濃度で 10 分間の浸漬処理，加熱処理では 60℃で 10 分間，

表5・3 SJNNVの化学的,物理的処理による不活化条件

処理方法	処理量	処理時間
次亜塩素酸ナトリウム	50 mg/L	10 min
次亜塩素酸カルシウム	50 mg/L	10 min
塩化ベンザルコニウム	50 mg/L	10 min
熱処理	60 ℃	10 min
UV処理	410 μW/cm^2	4 min
		(10万μW・sec/cm^{2}に相当)
オゾン(オキシダント)	0.1 mg/L	2.5 min
	0.5 mg/L	0.5 min
電解海水(オキシダント)	0.3 mg/L	3 min

pH12のアルカリ液では10分間の処理,紫外線では 1.0×10^5 μW・sec/m^2 で,海水をオゾンで処理することによって発生するオキシダント(Total residual oxidants:TROs)では,0.1 mg/L で2.5分,0.5 mg/L で0.5分,で不活化されるとの報告がある(表5・3)[30]．さらに最近では,海水の電気分解によって発生するオキシダントを用いた不活化条件について,0.3 mg/L,3分で不活化されるとの報告があり,孵化に影響を与えずマハタおよびクエの受精卵を消毒できるとされている[31]．

ハタ科魚類の種苗生産過程でのVNN対策としては,シマアジの事例と同様に垂直感染と水平感染のいずれに対する対策も必要と考え,親魚養成および種苗生産において,シマアジのVNN防除技術をもとに,現在ではその後開発された診断法や得られた疫学情報を対策に加え,防除対策が構築されている．すなわち,①RGNNVタイプのウイルスを検出するnested PCRによる生殖腺の検査結果にもとづく親魚の選別,②オキシダントによる卵消毒,③沿岸海水からのウイルスの汚染を防除するためのオキシダントあるいは紫外線を用いた飼育用水の殺菌,④ウイルス汚染のない安全な親魚用飼餌料を使用,⑤飼育密度などの飼育環境を再考した適切な飼育,および⑥水槽や器具や手足の消毒の徹底などの対策が講じられている．なお,④については,前述の通り親魚の餌となるマアジなどの野生魚からも本ウイルスが検出されていることから[29],親魚の餌として生餌を使用せず,安全な配合飼料を使用し親魚を養成する試みもヒラメおよびクエで行われている[32,33]．

2・2 新たな垂直感染防除技術開発の取り組み

(独)水産総合研究センター(水研センター)におけるクエの種苗生産では，前述の対策により種苗生産の初期(仔魚期)にVNNが発生し大量死亡することはなくなったが，種苗生産の後期から中間育成時(稚魚期)に本病が発生してしまい完全にこれを防除するには至っていなかった．平成19年より水研センターでは，垂直感染を完全に防除する新たな対策が必要と考え，人工授精する前の配偶子である未受精卵および精子を洗浄する方法(配偶子洗浄法)について開発を進め，搾出した未受精卵については雌の卵巣腔液を模した緩衝液で洗浄する方法を，精子については雄の精漿を模した緩衝液(精子の冷蔵保存液[34])を改変)で遠心分離により洗浄する方法を開発した(図5・4)．未受精卵の洗浄については，ニジマスにおいて等張液で洗浄し受精率の向上を図る試みが以前より行われており，最近の論文においては疾病防除にも有効であることが報告されている[35]．一方の遠心洗浄し，精子からウイルスを除去する試みは魚類では初めてである．この配偶子洗浄法を用いた後，人工授精を行ったところ，孵化率の低下は認められないことを確認した(表5・4)．さらに，人為的にウイル

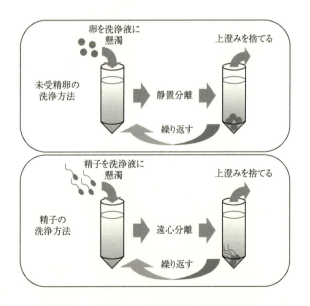

図5・4 人工授精前の未受精卵および精子を洗浄する配偶子洗浄法のイメージ図

ス汚染させた配偶子をこの方法で洗浄し,ウイルスの除去率を調べたところ,未受精卵では99.9％以上と良好な結果が得られた.一方,精子では除去率が低く,ウイルスが精子に吸着しているためと考えられた(表5・5).これについてはいかにウイルスを精子から遊離させ完全に除去するか,現在検討を続けている.実際にこの配偶子洗浄法で洗浄したクエの未受精卵と精子を用いて種苗生産試験を行ったところ,飼育中にも目立った死亡や形態異常の出現もなく,当該施設で6年間も続けてクエの中間育成中に発生していたVNNがまったく発生しなくなり,生産施設での有効性が確認されている(表5・6).この配偶子洗浄法にさらなる改良を加え,これまで悩まされてきた親から子への垂直感染を完全に

表5・4 配偶子洗浄した未受精卵と精子を用いた人工授精結果

試験回次	配偶子の処理	浮上卵率	孵化率
1	洗浄配偶子	43.2％	4.1％
	対照区(無処理)	63.6％	2.4％
2	洗浄配偶子	41.7％	14.6％
	対照区(無処理)	66.7％	12.3％

表5・5 人為ウイルス汚染させた未受精卵および精子の配偶子洗浄によるウイルス除去効果

洗浄対象	ウイルス感染価($TCID_{50}/mL$)		ウイルス除去率
	洗浄前	洗浄後	
精子	$10^{6.25}$	$10^{5.5}$	82.2％
未受精卵	$10^{5.8}$	$\leq 10^{2.8}$	99.9％以上

表5・6 水産総合研究センター(上浦庁舎)におけるハタ科魚類の種苗生産および中間育成過程におけるVNNの発生と実施対策

実施年度(平成)	親魚選別	受精卵消毒	配偶子洗浄	VNN発生数／生産実施数(発生率)
18年*	○	○	×	1/3 (33.3％)
19年	○	○	○	0/2
20年	○	○	○	0/2
21年	○	○	○	0/4
22年	○	○	○	0/4
23年	○	○	○	0/2
24年	○	○	○	0/4
25年	○	○	○	0/1

* 平成18年以前は5年間連続でVNNが発生.○:対策実施,×:対策未実施

断ち切ることにより，種苗生産過程で発生する VNN を完全に克服することができると考えており，クエ以外のハタ科魚類を含む多くの魚種の種苗の安定生産に寄与できればと期待している．

§3. 育成過程の水平感染防除技術の開発
3・1　VNN ワクチンの研究開発

前述の通り，ハタ科魚類の種苗生産過程で発生する VNN の防除については技術的な目処は付いたが，一方で種苗生産水槽から屋外の海上生簀へ移した後の養成過程では，沿岸海水中に存在する VNN 原因ウイルスに感染し，一部の魚種では成魚もこれに感染し死亡することが報告されている．このことから，養殖過程の本ウイルスの水平感染による死亡を防除する対策が必要となる．

これまで VNN に関するワクチンの研究例として，わが国では，マハタの VNN において注射法によって投与する組換えウイルス外被タンパク質ワクチン[36]および培養ウイルスのホルマリン不活化ワクチン[37]の有効性が報告されている．一方，海外においては，サラサハタの VNN でもマハタと同様の組換え外被タンパク質ワクチンの有効性が確認されている[38]．この他にヨーロッパスズキやハタ類の VNN に対して，注射法により投与する合成ペプチドワクチン[39]と大腸菌あるいはバキュロウイルスの発現系で作製したウイルス様粒子を用いたワクチン[40,41]，浸漬法により投与する不活化ウイルスワクチン[42]あるいは経口投与する組換えタンパク質ワクチン[43]の有効性が報告されており，これらワクチンの実用化へ向けた研究開発が進められている．

前述の通りマハタは，夏から秋にかけての高水温期に，海上生簀において VNN に感染し，稚魚のみならず出荷サイズの大型魚においても被害をもたらすことが知られている．本病への対策として唯一有望と考えられるのはワクチンによる予防免疫であり，その実用化には種々の基礎的および応用的知見の集積が必要であったことから，マハタの養殖産業の育成にはワクチンの実用化に向けた研究が急務と考え，平成 18 年より広島大学大学院，三重県水産研究所，愛媛県農林水産研究所水産研究センター，日生研株式会社および増養殖研究所が共同で，プロジェクト研究を実施した[*3]．以下に，このプロジェクトで行った

[*3] 農林水産省事業「新たな農林水産政策を推進する実用技術開発事業」

ワクチンの実用化に向けた研究開発の概要を紹介する．

3・2 マハタの VNN ワクチンの開発

われわれのプロジェクトでは，参画機関がこれまでにマハタの VNN に対して有効性を報告した「組換えウイルス外被タンパク質ワクチン」[36]および「培養ウイルスのホルマリン不活化ワクチン」[37]について，それらの実用化に必要な知見を得るために，①ワクチンを調製する際のワクチン株の選定，②ワクチンの投与法，③ワクチンの大量調製法に関する研究に取り組み，その成果をもとに最終的なワクチンタイプを選定した．

ワクチン株の選定では，マハタなどの養殖場で大量死亡を引き起こした VNN 原因ウイルス合計 369 株を収集しウイルスの性状を解析して，マハタを含むハタ科魚類から分離されたウイルスすべての遺伝子型は RGNNV タイプで血清型は C 型であることを確認し，同じ遺伝子型・血清型の代表株をワクチンの製造株として選定した．次に，ワクチンの投与法について，不活化ワクチンでは，液漏れの少ない腹腔内への注射による投与で，投与量は $10^{7.3}$ TCID$_{50}$ 以上（不活化前のウイルスの感染価），投与回数は 1 回，魚体のサイズは約 10 g 以上で投与する必要があることを明らかにした．また，ワクチンによる抵抗性は 10 週以上持続することを明らかにした[44]．さらに，不活化ワクチンを製造する際のウイルスの培養法については，至適培養温度および培養時間を明らかにしたことで安定して高濃度のウイルスの培養が可能になり，ワクチンを大量調製できるようになった．一方，組換え外被タンパク質ワクチンでは，必要な抗原量から換算した製造コストは不活化ワクチンと同程度であったが，不活化ワクチンと同等の効果を得るには 2 回の注射投与が必要であったことから，試作ワクチンには不活化ワクチンを採用することにした．

3・3 ワクチンの防御効果

本プロジェクトの最終年度である平成 20 年度には，試作した不活化ワクチンを用い，所定の用法および用量で複数の養殖漁場において野外試験を行った（図 5・5）．野外試験を実施した西日本の 3 県 4 ヶ所のいずれの養殖漁場においても，ワクチン投与群の累積死亡率は無投与群に比べ有意に低く，またワクチン投与によって成長や行動に異常も認められなかったことから，野外での VNN の自然感染に対する試作ワクチンの有効性と安全性が実証された（図 5・6）．本試験

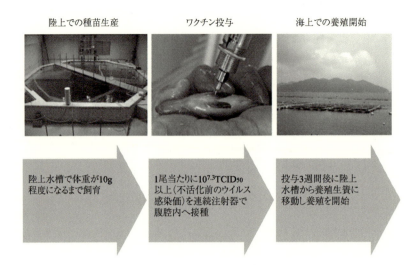

図5・5 マハタのVNNに対する不活化ワクチンの投与方法
　　　　ワクチン投与後3週間は陸上水槽で飼育し，当該ウイルスに対する十分な免疫力が得られた後，海上の養殖生簀に沖出しする．

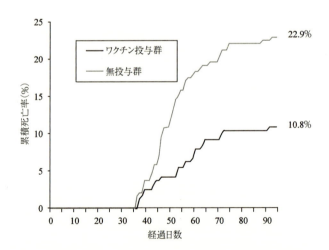

図5・6 マハタのVNNに対する不活化ワクチンの投与効果（野外試験実施例）
　　　　野外試験においてワクチン投与群の累積死亡率は無投与群に比べ有意に低い結果となった（$P < 0.01$）．

におけるワクチン投与群の生残数は，無投与群に比べて平均で50％，最大で140％も向上した．以上の取り組みにより平成24年にワクチンの製造販売承認を得ることができ，同年に開発したワクチンの販売が開始された．本ワクチンの普及によりマハタの養殖生産の安定化やさらなる量産が図られるものと期待している．

§4. 今後の課題

近年，クエやヤイトハタなど他のハタ科魚類についても海上生簀においてVNNが発生し大きな問題となっている．これらの魚種の原因ウイルスも，マハタ由来のウイルスと同じ遺伝子型および血清型であることから，マハタで開発した不活化ワクチンがそのまま使用可能と考えられ，同様の予防効果が得られるものと期待している．また海外でも，ヨーロッパスズキや大西洋オヒョウ *Hippoglossus hippoglossus* で，大型個体のVNNによる感染死亡が認められている[45,46]．ヨーロッパスズキの原因ウイルスはRGNNVタイプ，大西洋オヒョウの原因ウイルスはBFNNVタイプの遺伝子型であるがいずれも血清型はC型であり，マハタで開発したC型ウイルスに対する不活化ワクチンが予防に応用できると考えている．他方，前述の通り，海外の研究グループにより経口あるいは浸漬によって投与するVNNワクチンの開発が進められていることから，わが国においても次世代のVNNワクチンの開発を目指し，投与が簡便な経口あるいは浸漬ワクチンに関する基礎研究を進めていく必要がある．

前述の通り，VNNはわが国のみならず諸外国においても多発していることから，配偶子洗浄法や不活化ワクチンなどによる対策が普及すれば，VNNの被害に苦しむ世界の養殖産業にとって大きな福音となると考えている．

文献

1) Mori K, Nakai T, Nagahara M, Muroga K, Mekuchi T, Kanno T. A viral disease in hatchery-reared larvae and juveniles of redspotted grouper. *Fish Pathol*. 1991; 26: 209-210.

2) 中井敏博, Nguyen HD, 西澤豊彦, 室賀清邦, 有元 操, 大槻観三. クエおよびトラフグにおけるウイルス性神経壊死症の発生. 魚病研究 1994; 29: 211-212.

3) Fukuda Y, Nguyen HD, Furuhashi M Nakai T. Mass mortality of cultured seven-band grouper, *Epinephelus septemfasciatus*, associated with viral nervous necrosis. *Fish Pathol*. 1996; 31: 165-170.

4) Tanaka S, Aoki H, Nakai T. Pathogenicity of the nodavirus detected from diseased sevenband grouper *Epinephelus septemfasciatus*. *Fish Pathol*. 1998; 33: 31-36.
5) Harikrishnan R, Balasundaram C, Heo MS. Fish health aspects in grouper aquaculture: a review. *Aquaculture*. 2011; 320: 1-21.
6) Jancovich JK, Chinchar VG, Hyatt A, Miyazaki T, Williams T, Zhang QY. Family Iridoviridae. In: King AMQ, Adams MJ, Carstens EB, Lefkowitz EJ (eds). *Virus Taxonomy Ninth Report of the International Committee on Taxonomy of Viruses*. Elsevier Academic Press. 2011; 193-210.
7) 松岡 学, 井上 潔, 中島員洋. 1991年から1995年"マダイイリドウイルス病"が確認された海産養殖魚種. 魚病研究 1996; 31: 233-234.
8) 川上秀昌, 中島員洋. 1996年から2000年マダイイリドウイルス病が確認された海産養殖魚種. 魚病研究 2002; 37: 45-47.
9) Yoshikoshi K, Inoue K. Viral nervous necrosis in hatchery-reared larvae and juveniles of Japanese parrotfish, *Oplegnathus fasciatus* (Temminck & Schlegel). *J. Fish Dis*. 1990; 13: 69-77.
10) Mori K, Nakai T, Muroga K, Arimoto M, Mushiake K, Furusawa I. Properties of a new virus belonging to Nodaviridae found in larval striped jack (*Pseudocaranx dentex*) with nervous necrosis. *Virology* 1992; 187: 368-371.
11) Munday BL, Kwang J, Moody N. Betanodavirus infections of teleost fish: a review. *J. Fish Dis*. 2002; 25: 127-142.
12) Sano M, Nakai T, Fijan N. Viral diseases and agents of warmwater fish. In: Woo PKT, Bruno DW (eds). *Fish Diseases and Disorders, Vol.3. Viral, Bacterial and Fungal Infections*. CABI. 2011; 166-244.
13) Thiery R, Johnson KL, Nakai T, Schneemann A, Bonami JR, Lightner DV. Family Nodaviridae. In: King AMQ, Adams MJ, Carstens EB, Lefkowitz EJ (eds). *Virus Taxonomy Ninth Report of the International Committee on Taxonomy of Viruses*. Elsevier Academic Press. 2011; 1061-1067.
14) Nishizawa T, Furuhashi M, Nagai T, Nakai T, Muroga K. Genomic classification of fish nodaviruses by molecular phylogenetic analysis of the coat protein gene. *Appl. Environ. Microbiol*. 1997; 63: 1633-1636.
15) Mori K, Mangyoku T, Iwamoto T, Arimoto M, Tanaka S, Nakai T. Serological relationships among genotypic variants of betanodavirus. *Dis. Aquat. Org*. 2003; 57: 19-26.
16) Iwamoto T, Nakai T, Mori K, Arimoto M, Furusawa I. Cloning of the fish cell line SSN-1 for piscine nodaviruses. *Dis. Aquat. Org*. 2000; 43: 81-89.
17) Nguyen HD, Mekuchi T, Imura K, Nakai T, Nishizawa T, Muroga K. Occurrence of viral nervous necrosis (VNN) in hatchery reared juvenile Japanese flounder, *Paralichthys olivaceaus*. *Fish. Sci*. 1994; 60: 551-554.
18) Nishizawa T, Mori K, Nakai T, Furusawa I, Muroga K. Polymerase chain reaction (PCR) amplification of RNA of striped jack nervous necrosis virus (SJNNV). *Dis. Aquat. Org*. 1994; 18: 103-107.
19) Dalla Valle L, Zanella L, Patarnello P, Paolucci L, Belvedere P, Colombo L. Development of a sensitive diagnostic assay for fish nervous necrosis virus based on RT-PCR plus nested PCR. *J. Fish Dis*. 2000; 23: 321-327.
20) Frerichs GN, Rodger HD, Peric Z. Cell culture isolation of piscine neuropathy nodavirus from juvenile sea bass, *Dicentrarchus labrax*. *J. Gen. Virol*. 1996; 77: 2067-2071.
21) Iwamoto T, Mori K, Arimoto M, Nakai T. High permissivity of the fish cell line SSN-1 for piscine nodaviruses. *Dis. Aquat. Org*. 1999; 39: 37-47.

22) Chi SC, Hu WW, Lo BL. Establishment and characterization of a continuous cell line (GF-1) derived from grouper, *Epinephelus coioides* (Hamilton): a cell line susceptible to grouper nervous necrosis virus (GNNV). *J. Fish Dis.* 1999; 22: 173-182.
23) Nishioka T, Mori K, Sugaya T, Tezuka N, Takebe T, Imaizumi H, Kumon K, Masuma S, Nakai T. Involvement of viral nervous necrosis in larval mortality of hatchery-reared pacific Bluefin tuna *Thunnus olientalis*. *Fish Pathol.* 2010; 45: 69-72.
24) Gomez DK, Matsuoka S, Mori K, Okinaka Y, Park SC, Nakai T. Genetic analysis and pathogenicity of betanodavirus isolated from wild redspotted grouper *Epinephelus akaara* with clinical signs. *Arch. Virol.* 2009; 154: 343-346.
25) Mushiake K, Nishizawa T, Nakai T, Furusawa I, Muroga K. Control of VNN in striped jack: Selection of spawners based on the detection of SJNNV gene by polymerase chain reaction (PCR). *Fish Pathol.* 1994; 29: 177-182.
26) Mori K, Mushiake K, Arimoto M. Control measures for viral nervous necrosis in striped jack. *Fish Pathol.* 1998; 33: 443-444.
27) Watanabe K, Suzuki S, Nishizawa T, Suzuki K, Yoshimizu M, Ezura Y. Control strategy for viral nervous necrosis of barfin flounder. *Fish Pathol.* 1998; 33: 445-446.
28) 土橋靖史, 栗山 功, 黒宮香美, 柏木正章, 吉岡 基. マハタ種苗生産におけるウイルス性神経壊死症 (VNN) の防除対策の検討. 水産増殖 2002; 50: 355-361.
29) Gomez DK, Sato J, Mushiake K, Isshiki T, Okinaka Y, Nakai T. PCR-based detection of betanodaviruses from cultured and wild marine fish with no clinical signs. *J. Fish Dis.* 2004; 27: 603-608.
30) Arimoto M, Sato J, Maruyama K, Mimura G, Furusawa I. Effect of chemical and physical treatments on the inactivation of striped jack nervous necrosis virus (SJNNV). *Aquaculture* 1996; 143: 15-22.
31) 渡邉研一, 井手健太郎, 岩崎隆志, 佐藤 純, 森 広一郎, 米加田 徹. ウイルス性神経壊死症の防除を目的とした電解海水によるクエおよびマハタ受精卵の消毒条件の検討. 魚病研究 2013; 48: 5-8.
32) 村上直人, 竹内宏行. 飼餌料を変えて養成したヒラメ親魚から得られた卵の飼育試験. 栽培漁業センター技報, 独立行政法人水産総合研究センター. 2003; 1: 1-3.
33) 加藤雅博, 照屋和久, 森 広一郎, 菅谷琢磨, 佐藤 純, 池田和夫, 岡 雅一, 虫明敬一. 配合飼料を用いたクエ親魚の養成. 栽培漁業センター技報, 独立行政法人水産総合研究センター. 2007; 6: 1-3.
34) 藤浪祐一郎, 竹内宏行, 津崎龍雄, 太田博巳. アカアマダイ漁獲鮮魚から採取した精巣精子の運動活性と冷蔵保存. 日水誌 2003; 69: 162-169.
35) 小原昌和, 小川 滋, 笠井久会, 吉水 守. 養殖サケ科魚類の人工採卵における等調液洗浄法の除菌効果. 水産増殖 2010; 58: 37-43.
36) Tanaka S, Mori K, Arimoto M, Iwamoto T, Nakai T. Protective immunity of sevenband grouper, *Epinephelus septemfasciatus* Thunberg, against experimental viral nervous necrosis. *J. Fish Dis.* 2001; 24: 15-22.
37) Yamashita Y, Fujita Y, Kawakami H, Nakai T. The efficacy of inactivated virus vaccine against viral nervous necrosis (VNN). *Fish Pathol.* 2005; 40: 15-21.
38) Yuasa K, Koesharyani I, Roza D, Mori K, Katata M, Nakai T. Immune response of humpback grouper, *Cromileptes altivelis* (Valenciennes) injected with the recombinant coat protein of betanodavirus. *J. Fish. Dis.* 2002; 25: 53-56.
39) Coeurdacier JL, Laporte F, Pepin JF. Preliminary approach to find synthetic peptides from nodavirus capsid potentially

protective against sea bass viral encephalopathy and retinopathy. *Fish & Shellfish Immunol.* 2003; 14: 435-447.

40) Liu W, Hsu CH, Chang CY, Chen HH, Lin CS. Immune response against grouper nervous necrosis virus by vaccination of virus-like particles. *Vaccine* 2006; 24: 6282-6287.

41) Thiery R, Cozien J, Cabon J, Lamour F, Baud M, Schneemann A. Induction of a protective immune response against viral nervous necrosis in the European sea bass *Dicentrarchus labrax* by using betanodavirus virus-like particles. *J. Virol.* 2006; 80: 10201-10207.

42) Kai YH, Chi SC. Efficacies of inactivated vaccines against betanodavirus in grouper larvae (*Epinephelus coioides*) by bath immunization. *Vaccine* 2008; 26: 1450-1457.

43) Lin CC, Lin JHY, Chen MH, Yang HL. An oral nervous necrosis virus vaccine that induces protective immunity in larvae of grouper (*Epinephelus coioides*). *Aquaculture* 2007; 268: 265-273.

44) Yamashita Y, Mori K, Kuroda A, Nakai T. Neutralizing antibody levels for protection against betanodavirus infection in sevenband grouper, *Epinephelus septemfasciatus* (Thunberg), immunized with an inactivated virus vaccine. *J. Fish. Dis.* 2009; 32: 767-775.

45) Le Breton A, Grisez L, Sweetman J, Olievier F. Viral nervous necrosis (VNN) associated with mass mortalities in cage-reared sea bass, *Dicentrarchus labrax* (L.). *J. Fish Dis.* 1997; 20: 145-151.

46) Aspehaug V, Devold M, Nylund A. The phylogenetic relationship of nervous necro-sis virus from halibut (*Hippoglossus hippoglossus*). *Bull. Eur. Ass.Fish Pathol.* 1999; 19: 196-202.

II. ハタ科魚類の増養殖技術の最新情報

6章　最新種苗生産技術・養殖技術と問題点
～クエ・マハタを例として～

中田　久[*1]・土橋　靖史[*2]・辻　将治[*2]

　クエ Epinephelus bruneus やマハタ E. septemfasciatus は，スズキ目ハタ科マハタ属に分類され，南日本沿岸から東シナ海，台湾などにかけて広く生息する大型のハタ類である．クエは，九州地方では「アラ」と呼ばれ，鍋，刺身向けなどに8千円～1万円／kgの高値でも取引される高級魚である．近年では漁獲物の小型化が進み，資源量の減少が懸念されており，種苗放流による栽培漁業の取り組みが行われている．また，クエやマハタでは養殖の取り組みも進んでおり，とくにマハタは販売単価が高いだけでなく，クエと比べて成長も早いことから，新たな養殖対象種としての期待が大きい．

　このように，クエやマハタは重要な増養殖対象種として期待されている一方，種苗の量産化は他のハタ類と同様に非常に困難な魚種であることから，国内の研究機関などにおいて，これまで長年の試行錯誤による技術開発が行われてきた．近年では，仔稚魚の生残率向上技術などの大きな進展に伴い，クエでは（独）水産総合研究センター[1]や長崎県総合水産試験場（長崎水試）[2]，近畿大学など，マハタでは三重県水産研究所（三重水研）[3]や愛媛県農林水産研究所などにおいて計画的かつ安定的な種苗の量産化が実現している．本稿では，採卵技術や仔稚魚の生残率向上技術を中心に，近年，研究機関などにより確立された最新の種苗生産・養殖技術について紹介する．

[*1] 長崎県五島振興局水産課上五島水産業普及指導センター
[*2] 三重県水産研究所

§1. 親魚養成・採卵技術

1・1 クエ

1) 親魚養成と成熟過程

親魚には，定置網や一本釣り，延縄などで漁獲された天然魚や人工種苗から飼育管理した養成魚が使用される．天然魚は漁獲から3ヶ月程度は生餌（サバ，イカなど）にも反応せず摂餌しないが，約半年程度の飼育管理のなかで生餌やMP（モイストペレット）にも慣れ完全に餌付く．採卵用親魚（天然・人工養成）の餌料は主にビタミン剤を強化したMP（生餌1：配合飼料1）を使用する．給餌頻度は産卵期前後（3～6月）が週2～3回，その他の時期は週1～2回で行う．摂餌は水温が20℃以下になると鈍化し，15℃以下ではさらに低下する．親魚養成は周年海面生簀で行う機関が多いが，ウイルス対策や水温調節のために陸上水槽で実施する例[4]もある．

長崎水試における海面生簀（自然水温）で管理された親魚の成熟時期は，地先水温が20℃に達する5月中旬から6月下旬（水温23℃）までの期間である．雌の成熟過程について，卵黄形成が開始される時期は地先水温が16～18℃（3～4月）になってからであり，その後は徐々に卵母細胞への卵黄形成が進み，水温が20℃に上昇してくると排卵誘導が可能な卵黄形成後期の卵母細胞に達し，成熟期を迎える．雄の成熟過程について，排精時期は雌個体の成熟時期をカバーするように概ね5月上旬から6月下旬である．また，ハタ類は一般的に雌性先熟型であり，小型個体は雌，大型個体（20 kg以上）は雄とされているが，クエを人工環境下で飼育すると雌個体に混じって4 kg程度の小型個体であっても排精が活発な雄が出現する．また，雄性化のためのメチルテストステロン（MT）の経口投与[5]や医療用シリコンチューブを用いた埋込（インプラント）も試みられ，未成熟な雌10尾（平均体重3.1 kg）に体重1 kg当たり2 mgのMTを1回インプラントしたところ，投与2ヶ月後に10尾中8尾で排精が確認され，人工授精に用いた結果，雄性化した雄親魚から採取した精子は受精能力を有することを確認した[6]．

2) 採卵手法

計画的な種苗生産の実施には，良質な受精卵の安定確保が必要不可欠である．本種は，人工飼育下においても卵黄形成は進行し排卵にまで至るものの自然産卵

は誘発されにくく，産卵した場合にも受精率などが低いことから，排卵を誘導するホルモン剤を用いた人工授精法による採卵が一般的である．

ホルモン剤はヒト絨毛性生殖腺刺激ホルモン（HCG）や生殖腺刺激ホルモン放出ホルモン（GnRH）が用いられ，投与量はHCGでは500 IU/kg，GnRHでは50 μg/kg程度である（表9・1：133ページ参照）．国内の研究機関などでは，HCGの注射投与法（1回）による排卵誘導が主流である．HCG投与法により，雌親魚1尾（体重6〜10 kg）が排卵する卵数は100〜300万粒であり，それらの卵を人工授精することにより，大量の受精卵を確保できる（図6・1）．

人工授精による採卵を安定的かつ効率的に行うためには，雌親魚の卵母細胞径の把握と使用親魚の選択がとくに重要である．雌親魚の卵巣内の卵をカニューラにより採取し，卵径が550 μm以上の個体かつ卵巣腔内に排卵された卵（排卵卵）や退行変性卵の割合が低い個体を選択すると，安定的かつ効率的に大量の良質卵を得ることが可能となる．

また，飼育水温20℃，親魚の卵母細胞径550 μm程度の条件において，HCG（500 IU/kg）投与による排卵誘導から排卵までの時間は約48時間を要し，適切

親魚(6〜10kg)

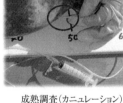

成熟調査(カニュレーション)

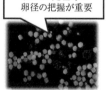

ホルモン処理時の卵径の把握が重要

採取した卵母細胞

HCG注射による排卵誘導
（処理量: 500IU/kg）

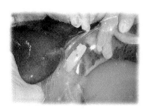

卵の搾出と人工授精
（48h後, 20℃）

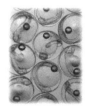

受精卵
（胚体形成期）

図6・1　クエ親魚（雌）のカニュレーションによる成熟調査とホルモン処理・採卵状況

な親魚の選択を行えばほとんどの個体の排卵は48時間目に集中する．また，44時間目では未排卵の個体が多く，54時間目以降では排卵後過熟により受精率などが低くなる傾向があり，良質な受精卵を得ることは難しい．

排卵後過熟とは，排卵された卵が卵巣腔内に滞留した場合，時間経過に伴い受精率などが急激に低下する現象をいう．排卵後過熟による卵質低下は種苗生産の現場において重要な問題である．例えば，トラフグ[7]，ブリ[8]，マハタ[9]では，排卵された卵がそのまま卵巣腔に滞留すると卵は過熟現象を起こし受精率などが低下することが確認されている．人工授精により得られた卵の卵質（受精率など）が不安定な場合には，排卵された卵の媒精適期を逃している可能性が考えられる．

以上のように，使用する雌親魚は卵母細胞径が550 μm 以上の個体を選択し，HCG 投与（投与量500 IU/kg）により排卵誘導後，48時間目に人工授精を行うことで，安定的かつ同期的に大量の良質な受精卵を確保することができる．現在，クエの採卵技法は確立され，国内の研究機関などで計画的な受精卵の安定確保が実現している．

1・2 マハタ

1）ホルモン処理による雄性化

マハタも雌性先熟型であり，性転換して雄になるには長い年月を要する．そのため，雄親魚の確保が種苗生産を実施するうえで重要である．そこで，雄性化のため，未成熟な雌（平均体重2.0 kg）に経口または医療用シリコンチューブを用いたインプラントによって雄化を促す合成雄性ホルモンのメチルテストステロン（MT）を投与している．MTを含まないインプラント（対照区）の生殖腺は実験期間を通じ，すべて周辺仁期の未熟な卵母細胞で占められており，雄化は誘導されない．MTを配合飼料に添加し給餌したMT経口投与区（平均1.5 mg／尾）は，2ヶ月後には精子も見られたが周辺仁期の卵母細胞が数多く残存しており，雄性化の程度は低かった．インプラントによるMT投与区（1 mg／尾，4 mg／尾）は，ともに2ヶ月後には活発な精子形成が見られた（図6・2）．1年後には経口投与区は完全な雌，MTインプラント1 mg区は雌雄同体に戻っていたが，4 mg区は雄の状態を維持していた．したがって，MTインプラントにより体重1 kg当たり2 mg（4 mg／尾）のMTを投与することによって，マハタ

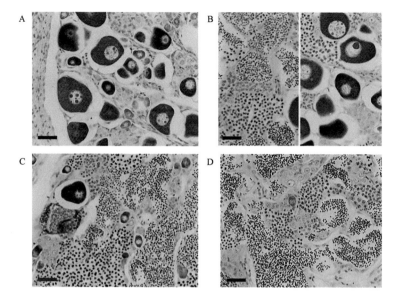

図6・2 MT投与2ヶ月後のマハタ生殖腺組織
A:対照区. 未熟な雌. B:経口投与区. 雄(左)と未熟な雌(右). 精子形成がみられるが排精個体はなく,また個体差も大きい. C:MTインプラント1mg区. 雄. 排精調査により,精液の存在と精子の運動能を確認. D:MTインプラント4mg区. 雄. 排精調査により,精液の存在と精子の運動能を確認. スケールバーは100μm.

未熟雌を完全かつ持続的に雄性化できることが明らかになった.また,雄性化した雄親魚から採取した精子は受精能力を有することを確認した[10].

2) 採卵手法

三重水研におけるマハタの親魚養成は,危険分散のため海面生簀と陸上水槽に収容し,管理している.給餌は冷凍のサバ,スルメイカに総合ビタミン剤を添加した餌料およびMP(生餌1:配合飼料1に総合ビタミン剤を1%添加)の飽食給餌を原則として週2回行っている.

本種の自然産卵の報告例はなく,人工授精による採卵を行っている.水温が19〜20℃になる成熟時期(5月中旬以降)に親魚を取り上げ,雄親魚の排精確認と,雌親魚はカニュレーション法により卵母細胞の一部を採取する.得られた卵母細胞の卵径を測定し,卵径が450μm以上の雌親魚(体重3〜15kg)および排精が確認された雄親魚(体重7〜16kg)に対し,HCGを500IU/kg

背部筋肉に注射する．42時間後に親魚を取り上げ，まず雄親魚から採精し，受精を行うまで精液をマダイ用リンゲル液[11]で約10倍に希釈後冷蔵（4℃）保存する（5日間程度保存可能）．次に雌親魚から卵を搾出し（100万粒以上／尾），人工授精を行う．卵を搾出できなかった親魚については，48時間および54時間後にも搾出を行う．その後透明な小型水槽に収容し浮上卵と沈下卵を分離する．浮上卵のみを水温20℃に調整した卵管理水槽（500 L 水槽）内に収容する．卵管理水槽内には微通気（0.1 L／分以下）と微注水（1回転／日以下）を行う．24時間後に沈下卵を取り除き，浮上卵数を重量法（2000粒／g）で算出後[12]，必要量を種苗生産水槽に収容する．

　中田らはGnRHaを用いたマハタの採卵技法を開発し，3つの特許[9,13,14]を取得している．その内容は，雌親魚の卵母細胞の卵径が420～550 μm の個体に固形[13]および油性[14]のGnRHa徐放性製剤を魚体重1 kg 当たり20～100 μg 投与すると，排卵は36～54時間後に起こること，そして排卵卵の受精能は時間経過に伴い低下していくことから，排卵後は直ちに人工授精することでマハタ親魚から安定的かつ効率的に良質な受精卵を得ることができること[9]を特徴としている．

3）水温および日長調整による秋季採卵

　マハタ親魚について，水温および日長を調整することにより秋季に採卵することを試みた．マハタ親魚を陸上水槽に収容し，環境制御区は4月から7月下旬まで14.5℃～17.0℃の低温および明暗周期を6時間明条件，18時間暗条件（6L：18D）の短日処理を行った後，9月までに18.5℃の加温および14L：10Dの長日処理を行った．対照区は自然水温および自然日長とした．8月30日には，環境制御区では卵黄球期の卵が採取されたが，対照区では周辺仁期の卵母細胞および通常の採卵期に排卵されなかった過熟の排卵卵が採取された．HCG投与により得られた卵を人工授精に供した場合，環境制御区では受精卵を得ることができたが，対照区では受精卵を得ることができなかった．得られた卵の浮上卵率，受精率，孵化率とSAI（無給餌生残指数）[15]および飼育試験の10日齢生残率は，通常の5月採卵の値と比較して有意な差は認められず，稚魚まで生産することができた．以上の結果から，水温および日長調整によりマハタ親魚から9月に採卵できることが明らかになり，春と秋の年間2回の種苗生

産が可能となった[16]．また，クエにおいても，水温21〜23℃の加温と16L：8Dの長日処理により受精卵が得られ，秋季採卵が可能となった[4]．

§2. 仔稚魚の生残率向上技術
2・1 クエ
1）初期減耗対策と飼育手法

孵化から10日齢までの飼育初期は，飼育環境の変化に弱く，摂餌不良や沈降死，浮上死，通気への接触などによる死亡が多く確認され，ときには大量減耗が発生する（図6・3）．マダイなどの他の魚種についても孵化後10日齢までは仔魚の飼育に注意を要するが，クエやマハタなどのハタ類ではさらに細やかな飼育環境（水流，水質など）の調節や給餌管理が必要となる[1]．

まず，飼育環境の変化を可能な限り少なくする対策として，低い換水率（10〜20％／日）と飼育水への微細藻類（ナンノクロロプシスなど）の24時間添加（定量ポンプ使用）を行っており，飼育水中の密度は20〜50万 cells/mL に調節することが望ましい．これにより，飼育水中の水質や餌料環境，照度などを一

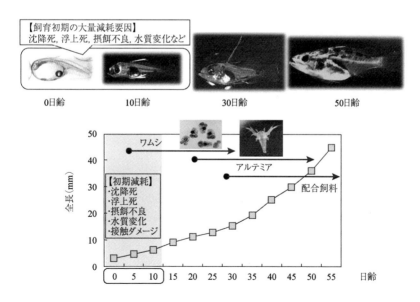

図6・3　クエ仔稚魚の成長と餌料系列および初期減耗要因

定に保つことができ，仔魚の飼育状態も安定する．

　次に，摂餌不良への対策として，ハタ類の仔魚は開口時の口径が他の魚類と比べて小さく，給餌するワムシの大きさが適合しないと摂餌不良となり大量減耗につながる[17]ことから，クエ仔魚の開口にあわせて最初に給餌するシオミズツボワムシは小型のタイプであるS型ワムシタイ株を使用している．また，卵管理から仔魚の開口時期（3日齢）までに水温を20℃から25℃に上昇・維持することで仔魚の活発な摂餌を促進する．さらに，開口から3日間程度は昼夜連続照明（全明）飼育を行い，その際の照度（水面）は昼間で1000 lx以上，夜間でも500 lx以上を維持することで，開口直後の仔魚がいつでも十分量のワムシを摂餌できるように調節する．

　孵化後のクエ仔魚は卵黄などの内部栄養を吸収していき，開口後には外部栄養（ワムシの摂餌）に転換していくが，その切替時期には仔魚の比重は高くなり水槽底面に沈降して死亡する現象が多く見られる[18]．様々な魚種でこの現象は見られるものの，クエではこの沈降死による大量減耗が50％を超えることは珍しくない．そこで，水中ポンプと水槽底面に設置した塩ビパイプ（一定間隔に穴をあける）を用いて水槽底面に緩やかな水流（底層をゆっくり動かす回転流）を発生させる[19]とともに，エアーブロック方式での通気により，垂直方向（底層→表層）への水流も発生させ，仔魚の沈降死を回避している（図6・4）．

　この他，仔魚は飼育初期（3～10日齢）に物理的な刺激に非常に弱いことから，通気への接触による減耗対策として，通気量（エアーブロック方式）を弱く調節し，通気への接触による死亡を抑えることを行っている．しかし，この時期の仔魚の沈降現象にも配慮が必要なことから個々のエアーブロックには流量計を取り付け，日々通気量を調整していく必要がある．例えば，水深2 m，直径8 mの100 kL円形水槽だとエアーブロック1本当たり0.5 L／分程度の通気量に調整することが望ましい．

　以上のように，クエ仔魚の特性に応じた初期減耗対策を行うことで，初期生残率（0～10日齢）は70％以上の値を得ることもできる．長崎水試では，2013年に100 kL水槽1面を使用し，上記の生残率向上技術による生産試験を行った結果，全長30 mmの稚魚を26万尾（単位生産尾数2604尾／kL）生産することができ，取り揚げ（52日齢）までの生残率は54％と過去最高の飼育

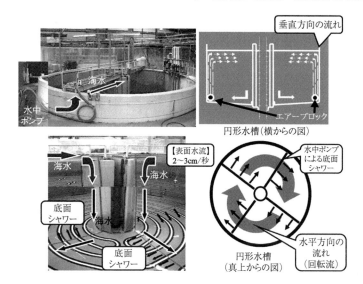

図 6・4 クエ仔魚の沈降死対策（水中ポンプ・エアーブロックによる水流の発生と調節方法）
水中ポンプと水槽底面に設置した塩ビパイプ（噴出口径 1.5 mm，10 cm 間隔）を用いて，水槽底面に緩やかな水流（回転流）を発生させるとともに，エアーブロック方式での通気により垂直方向（底層→表層）への水流も発生させることで，仔魚の沈降死を回避させる．

成績となった．

2009 ～ 2013 年の全国主要生産機関におけるクエの種苗生産実績（クエ・マハタ種苗生産研究会調べ）は，年間合計 50 ～ 80 万尾（全長約 30 mm）となっており，近年では計画的かつ安定的なクエ種苗の量産が実現している．

2）共食い防止対策

クエやマハタなどのハタ類は，稚魚期に一定以上の成長差が生じると共食いが発生し，対策を怠ると大量減耗につながってしまう[20]．共食い防止対策としては，配合飼料などの飽食量給餌や水流・照度調節，シェルター設置なども考えられるが最も効果的な対策はサイズ選別である．クエにおいて共食い行動が始まる時期は全長 30 mm サイズであり，とくに全長 40 mm 以上の稚魚では共食い行動が頻繁に見られ，大量減耗につながる．そのため，ステンレス製の網カゴやスリット式の選別器を使用して，稚魚のサイズが平均 35 mm（55 日齢）の時期に 3 mm と 4 mm 目合いのスリット選別器を用いて大中小選別を行って

いる．その場合，大群は 38 mm 以上，中群は 28 ～ 38 mm，小群は 28 mm 以下のサイズに分けることができる．このように，サイズ選別は稚魚が 35 mm 程度となる時期から実施し，稚魚の成長に応じて複数回行うことで，中間育成段階での大量減耗を防止することができる．

2・2 マハタ
1) 初期減耗対策と飼育手法

マハタは飼育初期の減耗が激しく，量産のためにはこの間の生残率向上が必要不可欠である．初期減耗の要因として初期餌料の不適合，仔魚の活力不足および不適切な飼育環境が考えられ，このうち初期餌料については小型の S 型ワムシタイ株の給餌，仔魚の活力については親魚養成および人工授精技術の向上により解決した．さらに飼育環境（10 日齢まで）については，飼育水温は自然水温（20℃前後）より 25℃前後で，日長は自然日長より昼夜連続照明で，オイル添加（2 章参照）では無添加より添加で，それぞれ生残率が高くなった．これらの飼育環境の好適条件を組み合わせ，量産試験を実施した結果，10 日齢の生残率は 50％以上と大きく向上し，50 kL 水槽 1 水槽当たり万単位での種苗量産が可能となっている[21]．

三重水研における標準的な飼育方法は，上記の知見をベースにして，水温は自然水温（20℃前後）から受精卵収容後 1 日 1℃ずつ 25℃まで加温，照明は 3 日齢から 10 日齢まで昼夜連続照明（照度は水面で 1000 lx 以上を維持），オイル添加は 9 日齢までとしている．また餌料系列は 3 日齢から 39 日齢までは S 型ワムシ，24 日齢から 55 日齢まではアルテミア，34 日齢からは配合飼料とし，給餌を行っている．飼育水への微細藻類（ナンノクロロプシスなど）の添加はチューブを用いて終日行っている．換水は 10 日齢までは止水とし，その後徐々に換水率を増加させている．通気はエアーブロック方式により，垂直方向の流れに加えて水平方向の回転流が起こるようにしている．さらに飼育水の溶存酸素量維持（5 mg/L 以上）のため酸素通気を行っている．近年では 10 日齢の生残率は 70 ～ 90％，45 kL 水槽 1 水槽当たりの生産尾数は 5 万～ 10 万尾（全長 25 mm）となっている．

2) VNN 防除対策

マハタ仔稚魚の飼育過程で発生するウイルス性神経壊死症（VNN）の垂直感

染の防止を目的として，PCR 法およびnested PCR 法を用いたウイルス遺伝子検出による陰性親魚の選別，および選別後のオゾン処理海水（発生したオキシダントでウイルスを不活化した後，活性炭でオキシダントを除去した海水）による飼育とオキシダント海水（低濃度のオキシダントを含む海水）による受精卵消毒（0.5 ppm，60 秒），さらに水平感染の防止のためオゾン処理海水による生物餌料（ワムシ，アルテミア）の培養およびオゾン処理海水による仔稚魚の飼育を実施した．その結果，8 例の飼育例すべてで VNN の発生は認められず，稚魚まで生産することができた．また，取り揚げた稚魚を砂ろ過海水（無処理）で飼育したところ，4 例の飼育例すべてで VNN による大量死が発生したのに対し，オゾン処理海水での 7 例すべてでは引き続き VNN の発生が認められなかった．以上の結果から，これらの対策はマハタ種苗生産における VNN 防除対策として有効であると判断された．三重水研では上記の対策を実施した 2000 年以降，種苗生産中の VNN の発生は 1 例も認められなくなっている（図6・5）[22]．また，クエにおいても，マハタと概ね同様の VNN 防除対策により種苗生産中の VNN の発生は認められなくなっている．

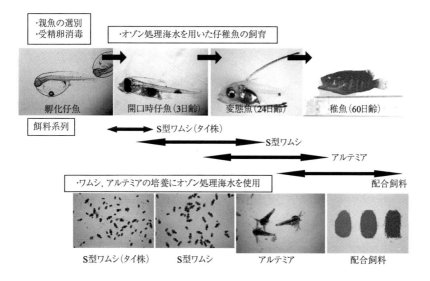

図6・5　マハタ仔稚魚飼育時の VNN 対策

§3. 養殖技術

3・1 クエ

前述のように,近年ではクエの種苗生産技術が確立され,種苗の安定供給が可能になりつつあることから,養殖事業化の要望も強くなっている.しかし,クエの海面養殖（自然水温）では低水温期（20℃以下）の成長停滞により出荷サイズ（魚体重：1 kg 以上,販売単価：3000 円／kg 前後）になるまで 3～4 年を要することから,このように生産サイクルの長い養殖事業では経営的に成立しない.クエの飼育水温と成長との関係については,本種が順調に摂餌し成長できる温度帯は 18～20℃以上[23]であり,水温 26℃付近で最も優れた成長率および増肉係数が得られている[24].

飼育水温のコントロールが可能な閉鎖循環式陸上養殖システムを用いた養殖試験において,三重水研[25]では水温 26℃,長崎水試[26]では水温 23℃を基本とした飼育管理により,クエ稚魚（魚体重 30～50 g）は 2 年以内に平均体重 1 kg 以上になることを確認している.しかしながら,閉鎖循環式陸上養殖システムは施設費やランニングコストが高いため,現時点では採算性に課題が残る.今後の研究機関などにおける低コストで高効率な新規の閉鎖循環式陸上養殖システムの開発が期待される.

また,現時点で考えられる採算性の高いクエの養殖方法として,陸上養殖と海面養殖が連携した組み合わせ養殖（分業制）がある.長崎水試や三重水研では,当歳魚を陸上水槽で加温越冬（23～26℃）させた後,春季以降は中間魚として海面生簀へ沖出しし,出荷まで養殖する試験を実施している.当歳魚の冬季だけでも低水温を回避できれば,海面養殖においても経営的に成り立つ養殖事業が可能かもしれない.陸上養殖業者としても高コストなシステムを管理しつつ出荷までの 2 年間収入が得られないよりも,海面養殖業者との連携により,一部の中間魚は半年飼育で出荷を行い収入の機会を増やすことで,経営的にも助かるであろう.今後,陸上養殖と海面養殖との連携促進がクエの養殖事業化の鍵となる.

3・2 マハタ

自発摂餌システムを用いた陸上での飼育試験では,速やかに自発摂餌を開始すること,手撒き給餌や自動給餌との飼育成績を比較したところ,より効率の

良い給餌が可能であることが明らかになった．また，適正な報酬量（自発摂餌1回当たりの給餌量）設定は，総魚体重の0.06％と考えられた．残餌の発生を防ぐための報酬個数は，1尾当たり配合飼料（EP）1個程度が目安であること，照度と残餌の関係を調べた試験では，照度が0 lxでは13％近くが残餌となり照度が低いほど残餌発生率が大きくなることから，残餌の発生をできるだけ防ぐには10 lx以上の明るさが必要であることが明らかになった[27]．これらの結果を受け，実用化を目指した海面飼育試験を行ったところ，海面生簀においても自発摂餌システムの動作の安定性を確保することで，手撒き給餌並みの飼育成績を残せることが明らかになった[27]．

また，自発摂餌システムを用いて，水温，溶存酸素濃度および塩分などの環境要因がマハタの給餌量に与える影響について調査したところ，15〜23℃の範囲の水温においては，水温が上昇すれば摂餌量が増え，低下すると減少することが明らかとなった．図6・6に示すように溶存酸素濃度については，2 mg/Lを

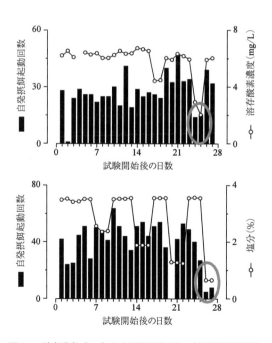

図6・6　溶存酸素（DO）および塩分低下時の自発摂餌起動回数

下回ると摂餌量が低下し，塩分（通常3.0～3.5％）については，1.2％を下回ると一時的に摂餌量が低下するものの1日で順応するが，0.05％では摂餌はほとんど見られなかった[28]．

自発摂餌システムは，クエ・マハタのような新たな養殖対象魚の養殖技術を開発するための有効なツールとして，今後の活用が期待される．

§4. クエ・マハタ養殖産業の展望

近年ではクエやマハタの種苗生産技術はほぼ確立し，養殖のための人工種苗の安定供給が実現しつつある．今後，本格的にクエ・マハタの養殖産業を発展させていくためには，生産性を高めるための高成長や高生残などを示す優良種苗の生産技術や低コスト養殖技術の開発などが求められる．つまり，優良形質を有する親魚の選抜育種技術や種苗から出荷までの養殖サイクルを考慮した周年採卵技術，低コスト陸上養殖技術，そして身質特性や飼料コストを考慮したハタ科魚類専用配合飼料などの開発が期待される．また，消費者に対する知名度向上や市場マーケティングなどによる販路確保，高付加価値化のための加工品開発なども必要であろう．

今後，クエ・マハタ養殖産業を推進・発展させていくことで，養殖業者などの経営の安定化と所得の向上が実現するよう，残された課題の解決に向けたさらなる種苗生産・養殖技術などの高度化が期待される．

文 献

1) 照屋和久，與世田兼三．クエ仔魚の成長と生残に適した初期飼育条件と大量種苗量産試験．水産増殖 2006; 54: 187-194.
2) 中田 久，築山陽介，濱崎将臣，宮木廉夫．新魚種種苗生産技術開発研究 クエ種苗生産．長崎水試事報（平成22年度）2010; 57.
3) 土橋靖史，辻 将治．マハタの種苗量産技術の開発．平成22年全国水産試験場場長会会長賞受賞業績要旨集 2010; 6-9.
4) 辻 将治，宮本敦史，羽生和弘，土橋靖史．高級魚クエの水温および日長調節による成熟コントロール技術の開発．三重水研事報 2010; 116.
5) 塚島康生，吉田範秋．メチルテストステロン経口投与によるクエの雄性化促進．長崎水試研報 1984; 20: 101-102.
6) 土橋靖史，丹羽 誠，黒宮香美．新魚種量産技術開発事業．三重水研事報 1999; 146-153.
7) 中田 久，松山倫也，原 洋一，矢田武義，松浦修平．トラフグの人工授精における排卵後経過時間と受精率との関係．日水誌 1998; 64: 993-998.
8) 中田 久，中尾貴尋，荒川敏久，松山倫也．

ブリの人工受精における排卵後経過時間と受精率との関係. 日水誌 2001; 67: 874-880.
9) 中田　久, 征矢野　清, 松山倫也, 宮木廉夫. LHRHa 徐放性製剤を用いた成熟・排卵誘導後の人工授精タイミングに配慮したマハタ親魚の良質卵確保手法. 特許第 4899571 号, 2012.
10) 土橋靖史, 田中秀樹, 黒宮香美, 柏木正章, 吉岡　基. マハタ雄性化のためのホルモン投与法の検討. 水産増殖 2003; 51: 189-196.
11) Yamaguchi S, Kagawa H, Gen K, Okuzawa K, Matsuyama M. Silicone implants for delivery of estradiol-17β and 11-ketotestosterne to red seabream *Pagrus major*. Aquaculture 2004; 239: 485-496.
12) 土橋靖史, 丹羽　誠, 黒宮香美. 新魚種量産技術開発事業. 三重水研事報 2005; 111-112.
13) 中田　久, 征矢野　清, 松山倫也, 宮木廉夫. コレステロールペレット固形製剤を用いた LHRHa の埋め込み投与によるマハタ親魚の成熟・排卵誘導法. 特許第 4899569 号, 2012.
14) 中田　久, 征矢野　清, 水野かおり, 宮木廉夫. カカオバター油性製剤を用いた LHRHa の注射投与によるマハタ親魚の成熟・排卵誘導法. 特許第 4899570 号, 2012.
15) 新間脩子, 辻ケ堂　諦, カサゴ親魚の生化学的性状と仔魚の活力について. 養殖研報 1981; 2: 11-20.
16) 土橋靖史, 栗山　功, 羽生和弘, 辻　将治, 津本欣吾, 髙烏暢子. 水温および日長調整によるマハタの 9 月採卵. 水産増殖 2007; 55: 395-402.
17) 田中由香里, 阪倉良孝, 中田　久, 萩原篤志, 安元　進. マハタ仔魚のワムシサイズに対する摂餌選択性. 日水誌 2005; 71: 911-916.
18) 本藤　靖, 齋藤貴行, 照屋和久, 與世田兼三. 流速環境の変化がクエ仔魚の摂餌および生残に与える影響. 栽培漁業センター技報 2005; 3: 37-40.
19) 武部孝行, 小林真人, 浅見公雄, 佐藤　琢, 平井慈恵, 奥澤公一, 阪倉良孝. スジアラ仔魚の沈降死とその防除方法を取り入れた種苗量産試験. 水産技術 2011; 3: 107-114.
20) Inoue N, Satoh J, Mekata T, Iwasaki T, Mori K. Maximum prey size estimation of longtooth grouper, *Epinephelus bruneus*, using morphological features, and predation experiments on juvenile cannibalism. *Aquacult. Res.* 2014; 1-7.
21) 土橋靖史, 栗山　功, 黒宮香美, 柏木正章, 吉岡　基. マハタの種苗生産過程における水温, 照明およびフィードオイルの影響. 水産増殖 2003; 51: 49-54.
22) 土橋靖史, 栗山　功, 黒宮香美, 柏木正章, 吉岡　基. マハタ種苗生産におけるウイルス性神経壊死症（VNN）の防除対策の検討. 水産増殖 2002; 50: 355-361.
23) 岡田貴彦, 米島久司, 向井良夫, 澤田好史. 人工ふ化クエ稚魚の環境ストレス耐性について. 近畿大学研究報告 1996; 5: 139-146.
24) 井上美佐. クエの摂餌と成長に及ぼす水温の影響. 三重水研報 2001; 9: 35-38.
25) 栗山　功. 閉鎖循環式養殖システムを用いたクエ養殖試験. 三重水研報 2008; 1: 37-44.
26) 山本純弘, 中田　久. 陸上養殖振興プロジェクト推進事業. 長崎水試事報（平成 24 年度）2012; 104-105.
27) 栗山　功, 宮本敦史, 田中真二, 土橋靖史. 自発摂餌システムを用いたマハタ養殖の試み. 三重水研報 2011; 20: 9-22.
28) 栗山　功, 宮本敦史, 田中真二, 土橋靖史. 自発摂餌システムによるマハタの摂餌におよぼす水温, 溶存酸素濃度および塩分の影響. 三重水研報 2011; 20: 23-31.

7章　種苗放流への取り組みと問題点
〜キジハタを例として〜

南 部 智 秀*

　キジハタ Epinephelus akaara はスズキ目ハタ科マハタ属に分類され，全長約60 cm に成長する小型のハタ類で，青森県以南の沿岸域から朝鮮半島南部や中国沿岸域にかけての岩礁帯に広く分布する[1-3]．国内では"アコウ"や"アカミズ"，"アズキマス"などの地方名で呼ばれており，山口県においては，主に刺網や一本釣り，延縄などで漁獲され，県内の年間漁獲量はわずか10 t 前後と推定されている．その希少性に加えて非常に美味なことから大型活魚の市場価格は5000円／kg 以上と沿岸域で漁獲される魚種では随一の高級魚である．そのため，県内の漁業者からはキジハタの栽培漁業推進に大きな期待が寄せられている．

　国内におけるキジハタの種苗生産研究は1960年代に開始された．以降，西日本を中心とする多くの機関が技術開発に取り組んだが，飼育初期の大量減耗やウイルス性神経壊死症（Viral Nervous Necrosis：VNN）の発症などにより大量生産技術の確立には至らなかった．

　2000年代になり（独）水産総合研究センターを中心とする国内各機関が減耗要因の解明を精力的に進めた結果，キジハタの種苗生産技術は飛躍的に向上した．そして，現在では種苗生産を事業化して毎年10万尾を超える放流用種苗を安定供給する機関もみられるようになった．

　種苗生産技術の開発と並行して放流技術の開発も行われてきたが，種苗の供給量が不安定であったことなどから，マダイ Pagrus major やヒラメ Paralichthys olivaceus など大量生産技術が確立している他の栽培漁業対象種に比べると放流調査の事例は少なく，その技術や資源管理手法について十分な研究がなされているとはいえない状況にある．

　ここでは2012年より種苗生産を事業化して毎年数10万尾規模の安定的な種苗供給体制を確立し，種苗放流を軸とした資源増大を進めている山口県の調査

---

* 山口県水産研究センター

研究事例を中心に国内の知見を交えながら紹介する．

§1．放流調査

　山口県北西部に位置する油谷湾内（図7・1）で種苗放流後の混入率と移動分散を調査した．2004～2010年まで，湾内各所で放流した種苗はスパゲティ型タグの装着やアリザリン・コンプレクソン（ALC）による耳石染色あるいは，年度により左右いずれかの腹鰭を切除して天然魚と識別できるようにした（図7・2）．

　種苗放流の実施概要を表7・1に示す．2006～2010年まで，湾内で漁業者が刺網や釣りで漁獲したキジハタを可能なかぎりすべて買い取り，天然魚と放流魚を識別した．

　年別の放流魚の混入率を図7・3に，天然魚および放流魚の全長を表7・2に示す．2006年9月下旬から買い取り調査を開始したため，当該年のサンプル数は少なく，そのすべてが放流魚に偏った結果となったが，放流魚の混入率は年々減少する傾向が見られた．これはスパゲティ型タグの脱落や腹鰭の再生により識別が困難になった放流魚を天然魚とみなしてしまう割合が増加したことが考えられた．また，本種の雌は2歳で成熟が認められており[4]，2004年の放流群は2006年から産卵に加入している可能性がある．つまり，2008年以降，放流魚の混入率が大きく低下した要因として放流魚の再生産に伴う天然魚の増加も推察された．買い取ったキジハタ計435尾のうち放流魚は207尾，混入率は

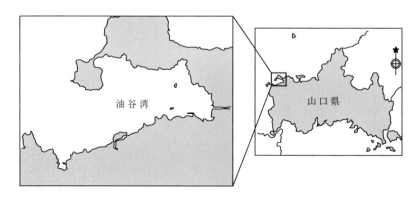

図7・1　放流調査場所

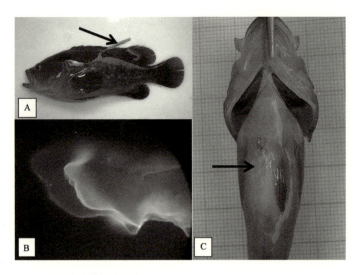

図7・2 キジハタ放流種苗の標識法
　　A：スパゲティ型タグ（矢印）．番号が刻印されたプラスチック製のタグを背部に装着する．B：アリザリン・コンプレクソン（ALC）による耳石染色．放流前に染色した個体の耳石は蛍光顕微鏡で観察すると発色する．C：腹鰭の切除．ハサミなどで腹鰭を基部から切除する．矢印は切除箇所．

表7・1　種苗放流の実施概要

放流年	放流尾数（尾）	平均全長（cm）	標識方法
2004	2400	10.0	スパゲティ型タグ，左腹鰭切除
2005	12000	8.0	右腹鰭切除
2006	8100	9.0	左腹鰭切除
2007	13000	6.0	右腹鰭切除
2008	4600	6.0	ALC
2009	1000	6.3	右腹鰭切除
2010	500	6.8	左腹鰭切除

47.6％となり，湾内で漁獲されたキジハタのおよそ半数が放流魚という結果になった．また，計435尾のうち放流場所から半径約1km以内の海域で漁獲されたものが273尾，うち放流魚が197尾と，混入率は72.2％であった．一方，放流場所から同約1km以上離れた海域で漁獲された162尾中，放流魚は10尾であり，混入率は6.2％であった．

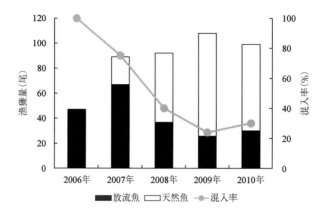

図7・3　山口県油谷湾内における年別キジハタ漁獲量と放流魚の混入率

主要な栽培漁業対象種であるマダイおよびヒラメの本県日本海側における放流調査の混入率が各々 7 〜 10 %，12 〜 15 %[5] であることを考慮すれば，この調査ではキジハタの混入率の高さと放流後の定着性の強さが示されたといえる．本県ではこの調査で得られた

表7・2　漁獲された天然魚および放流魚の全長

年	天然魚（cm）	放流魚（cm）
2006	−	20.3
2007	21.5	23.8
2008	22.1	27.2
2009	20.8	26.7
2010	23.4	29.8
平均	22.0	25.6

知見をもとに，付随して行った様々な調査研究の結果を技術開発に反映させ，より高い効果が見込まれる放流技術の確立を目指している．

§2. 放流場所の決定

2・1　天然魚の生息環境

　最適な放流場所を決めるためにはモデルとなる天然稚魚の生息域の把握が必要であるが，その生息環境[6]に関する知見は非常に少ない．本県では2011 〜 2012 年に日本海海域で天然魚約 1400 尾を漁獲し，その漁獲場所から全長と生息水深の関係を明らかにした（図7・4）．この調査では港内や沿岸静穏域の岩礁帯など，水深 2 〜 4 m の浅場で放流種苗よりやや大きい全長 8.9 〜 15.0 cm の当歳の天然個体 9 尾を採取した．兵庫県但馬沿岸の調査においても全長 10 cm

未満の個体24尾すべてが水深5m以浅に分布していた[6]．これらの調査結果から本県では港内あるいは静穏域に設置された幼稚魚保護礁（図7·5）など，いずれも水深5mより浅い場所を放流場所として推奨している．

2·2 捕食者とその生態

放流種苗の捕食者として，カサゴ *Sebastiscus marmoratus*，キジハタ，アオリイカ *Sepioteuthis lessoniana*，アイナメ *Hexagrammos otakii*，ヒラメ，クロソイ *Sebastes schlegeli* などが知られている[7,8]．その他にもマハタ *E. septemfasciatus* やクエ *E. bruneus* などのハタ類，オニオコゼ *Inimicus japonicus*，ミノカサゴ *Pterois lunulata*，タケノコメバル *Sebastes oblongus*，

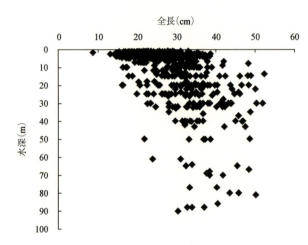

図7·4 山口県日本海沿岸において漁獲されたキジハタの全長と生息水深の関係

図7·5 山口県海域に設置されている幼稚魚保護礁
　　　 形状サイズの異なる幼稚魚保護礁（A〜C）が設置されている．保護礁は大型の害敵種の侵入を防ぐための小さな空隙構造を有し，食害軽減を目的とした機能を備えている．

マアナゴ *Conger myriaster*, マダコ *Octopus vulgaris*, イシガニ *Charybdis japonica* が調査で確認されている.

このなかでも捕食者として注意すべき魚種は，これまで県内全域で放流が行われ，生息環境が類似するカサゴおよび同種のキジハタである．とくにキジハタは，種苗生産の事業化に伴い放流尾数が大幅に増加し[9]，県の重点施策として積極的な資源の増大が図られているが，放流後の定着性が強いためすでに大型魚が定着している場所への追加放流は最も注意しなければならない．

このような背景のもと，放流種苗の食害をより低減するため，カサゴとキジハタ両種の生息水深および捕食実態から放流場所を検討した．

カサゴでは全長5〜7 cm ごろから成長に伴い分布域を沖合深場に拡大し，成魚は潮間帯から水深80 m 付近まで生息する[10]．キジハタについても成長するにつれて深場に移行する傾向が見られた(図7・4)．サイズ別の生息水深の割合は，全長20 cm 未満の多くの個体は水深5 m 未満に生息し，全長20 cm 以上〜30 cm 未満になると水深5〜10 m 未満に生息する割合が増加する．全長が40 cm 以上になると漁獲した半数以上が30 m 以深に分布している（図7・6）．水深5

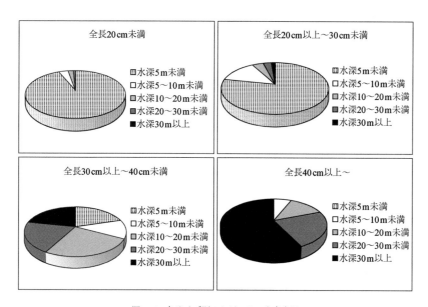

図7・6　各サイズ別のキジハタの生息水深

m 未満に分布する全長 20 cm 以上～30 cm 未満の個体の半数以上が港内の閉鎖的な海域ではなく港外の岩礁帯など比較的潮通しのよい開放的な海域に分布するようになる．全長 20 cm 以上になると分布水深が広がり主生息域は 5 ～15 m へと移行するという報告[6] があり，キジハタは全長約 20 cm を境に生息水深，および環境を能動的に変化させていることが推察される．

　カサゴとキジハタのキジハタ放流種苗に対する捕食圧を調べた結果，カサゴは全長 17 ～ 24 cm の間では大型化するにつれて捕食尾数が増加する傾向が見られ，キジハタについても全長 20 cm を超えると急激に捕食尾数が増加する傾向が見られた[11]．自然海域においても，キジハタは全長 25 cm，あるいは全長 30 cm 以上になると胃内容物から魚類の出現頻度が高まることが知られている[12,13]．つまり，両種ともに成長に伴い生息水深が深場に移行することから，深場への放流は捕食圧を高めることにつながる．これを低減するには，5 ～ 6 cm の種苗の放流を水深 5 m 以浅の港内など閉鎖的海域において実施するのが効果的であると考えられる．

　港内に放流した種苗がしばらくの間，カキ類やイガイ類など岸壁の付着物の隙間を隠れ家として利用していることが頻繁に観察されている（図 7・7）．放流後 3 ～ 4 ヶ月の間，このような場所に滞留が認められた事例は珍しくなく，そ

図 7・7　岸壁付着物に隠れる放流種苗

の後，種苗は付近の消波ブロックや被覆石の隙間などに生息域を移す．したがって，捕食者が少なく隠れ家に恵まれたこのような付着物の多い岸壁を放流場として利用することは，放流種苗が自然環境に馴致するまでの生残率を高めるうえで効果的な手法だと考えられる．

2・3 餌料環境からの検討

放流種苗の減耗要因のひとつは飢餓による死亡である．そこで，放流種苗の肥満度（体重／体長$^3 \times 10^3$）と絶食に対する耐性について調べた．

平均肥満度 35，30 および 25 の種苗各 50 尾を 1 kL 水槽にそれぞれ収容し，自然水温の条件下ですべての個体が死亡するまで絶食飼育試験を行った．その結果，試験を行った肥満度の範囲内ではすべての個体が死亡するまでの日数に大きな差は見られず，必ずしも肥満度の高い個体が絶食耐性に優れているわけではないと考えられた（図 7・8）．

次に，本県が放流している種苗と同じ肥満度 25 の種苗を 1 kL 水槽 4 基に各 50 尾収容して絶食期間が生残に与える影響を調べた．試験区①は開始後 30 日目，試験区②は開始後 45 日目，試験区③は開始後 60 日目から給餌を始め，対照区として試験区④は絶食とし，試験区④の個体がすべて死亡した時点で試験を終

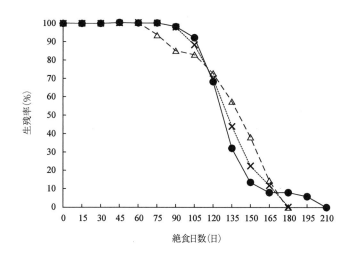

図 7・8　種苗の肥満度と絶食耐性の関係
　　　　肥満度の異なる種苗の生残率．×：肥満度 35，△：肥満度 30，●：肥満度 25．

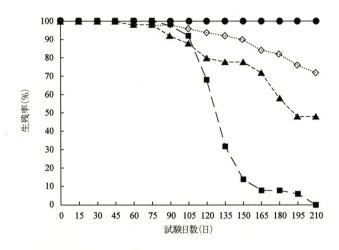

図7・9 絶食期間が生残に与える影響
試験区①(●:30日目から給餌),②(◇:45日目から給餌),③(▲:60日目から給餌)および④(■:絶食)の生残率.

了した.その結果,少なくとも絶食期間が30日以内であれば,その後の生き残りに影響はなく,それ以上,絶食期間が長くなればなるほど生き残る可能性は低くなることがわかった(図7・9).すなわち,放流後30日以内に捕食することができれば飢餓によって死亡することはなくなるということである.

これまでの調査で港内には甲殻類(エビ類幼生,カニ類幼生,ウミホタル,ヤドカリ科),巻貝類,ホヤ類,魚類などが多く生息しており,実際にこれらの餌を放流種苗は放流7〜10日後には捕食していることがわかっている.港内のような餌料の豊富な場所に放流することで飢餓による死亡を軽減することができる.

§3. 放流サイズ

大型の種苗ほど放流後の再捕率が高い傾向にあり,比較試験では0歳魚よりも1歳魚で放流後の滞留率が高く,その後の定着も期待できることがわかっている[14].しかし,本県のように生産を事業化している機関では放流サイズの決定は費用対効果も視点に入れて行わなければならない.つまり,長期間の飼育にかかる費用と労力,そして疾病発生のリスクを十分に考慮したうえで,放流

サイズを決定することとなる．とくにキジハタ種苗では，しばしば発生するウイルス性神経壊死症によって壊滅的な被害を被る．飼育が長引けば長引くほど，その発生リスクは高くなり，いざ発生するとウイルスが施設内に蔓延し，次年度以降の生産はもとより，他魚種の生産すらも立ちゆかなくなる恐れがある．栽培事業の安定経営と，高い放流効果の発揮を両立させることは容易ではないが，本県では前者に重点をおきながら，小型種苗で最大限の放流効果が期待できる手法の開発を行ってきた．

一つの調査事例として，腹鰭切除標識による大型種苗（全長 8.0 ～ 9.0 cm）を放流した 2005 年および 2006 年群と，同標識による小型種苗（全長 6.0 ～ 6.3 cm）を放流した 2007 年および 2009 年群について，各々放流後 5 年間の回収率で比較したところ，大型種苗の平均回収率は 1.05 %，小型種苗では 1.09 %であった．もちろん，放流年度や場所，尾数などの条件が異なるため単純に比較はできないが，稚魚の生息環境や食害環境および餌料環境の面から検討を行い，より適正な放流場所を選定したことによって小型種苗でも一定の効果が認められると判断し，本県では全長 5 ～ 6 cm を放流サイズと決めている．

§4. 放流技術の確立に向けた今後の方向性と問題点

2013 年よりキジハタなどを対象とした漁場造成を本県日本海海域 9 ヶ所で展開している．これは種苗放流を前提とした幼稚魚保護礁から若齢魚を対象とした育成礁，そして成魚の漁獲場所となる生産礁まで，各成長段階に応じた生息水深帯に漁場整備を行い，効率的に放流魚の育成および天然資源の増大を図ろうとするものである．放流種苗の生残率を高めるため，食害からの保護機能や飢餓防止のための餌料生物の培養機能を備えた魚礁の開発も行われており[15,16]，漁場整備関連事業との連携を図りながら効果的な人工魚礁を積極的に活用した栽培漁業の展開を目指している．

問題点として，魚礁や港内における環境収容力の把握や再生産効果の検討がなされておらず，さらに費用対効果や放流事業による波及効果についての検討が十分ではないことが挙げられる．さらに，将来的に種苗放流によって資源が増大すれば天然資源や生態系へ与える影響も精査しなければならないであろう．これらは今後取り組むべき重要な課題である．

§5. 資源管理
5・1 資源管理の目的と方策

　県内の市場では全長30 cm（3～4歳魚）以上の活魚は2000～3000円／kg以上の高級魚として扱われるが，それ以下の小型魚（1～2歳魚）は1000円／kg未満と同じ漁法で獲れるカサゴやメバル Sebastes inermis と混同し，キジハタ本来の評価を受けていない．すなわち，30 cm 未満の小型魚の漁獲は不合理漁獲といえる．さらに，キジハタの雌は2歳（30 cm 以下）から成熟が認められており[4]，県内海域における生態調査では全長26.3 cm 以上の個体が雌として成熟しているのが確認されていることから，小型魚の漁獲はキジハタの再生産を阻害する要因にもなりうる．そこで，小型魚を保護し不合理漁獲をなくせば，漁業者の所得向上につながるうえに，産卵親魚を保護することによって再生産へも寄与することから，天然資源の増大も期待できる．

　このような考えから，山口県では小型魚の保護による漁業所得の向上と資源の増大を目的として，平成25年に山口県海区漁業調整委員会指示を発出し，本県海域における全長30 cm 未満のキジハタの採捕を禁止とする資源管理の取り組みを開始した．

5・2 再放流後の生き残り

　全長30 cm 未満のキジハタの多くはメバルやカサゴを対象とした刺網で混獲されてしまう．そのため，網によって損傷を受けている個体が多いが，「山口県海区漁業調整委員会指示」に従い，これらの個体も再放流することになる．しかし，再放流した小型魚が生き残れないのであれば，それは無駄となるため，再放流後の生き残りは漁業者の大きな関心事であった．そこで，刺網による小型魚の漁獲実態を周年にわたり調べたところ，揚網時にすでに平均22.7％の個体が死亡していることがわかった．次に，揚網時に生きている小型魚の傷の状態をレベル1（軽度）～3（重度）までの3段階に識別した（図7・10）．これらの個体の自然治癒力を調べるため，なるべく自然状態に近い環境下において，給餌も肥満度を維持するための最小限に抑えて1ヶ月間飼育し，生残率と傷の回復状況を調べた．その結果，試験終了時のレベル1（供試魚5尾）およびレベル2（同19尾）の生残率は100％であったものの，レベル3（同26尾）の生残率は73.1％であった．しかし，生き残ったすべての個体は表皮が再生して

  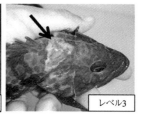

図7・10　刺網により生じた外傷のレベルの識別基準
　　　　レベル1：傷は幅5mm未満の線状．レベル2：傷は幅5mm以上の帯状で皮下組織には達しない．レベル3：傷は幅5mm以上の帯状で皮下組織に達し，発赤が認められる部位もある．

治癒が進んでおり，レベル1，2の生残個体は傷跡がほとんど確認できない状態まで回復していた．揚網時に生きている小型魚の傷レベルの割合をみると（図7・11），レベル3が6.5％存在し，そのうちの73.1％の個体が再放流後に回復すると推定した場合，レベル1，2と合わせて揚網時に生きている小型魚を再放流すれば，その約98％は生き残ることが期待される．

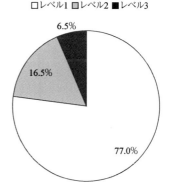

図7・11　小型魚の各傷レベルの出現頻度

5・3　現場での推進体制

　県内の市場では，万が一小型魚が誤って混入水揚げされた場合には，職員が競りの開始前に除去して，それを出荷した生産者あてに文書で指導がなされるシステムが作られている．職員はスケールを常備し，あるいは市場によっては繁忙時にも即座に測定できるよう独自に簡易測定器を作成しているところもあり，まさに水際で徹底した資源管理への取り組みが進められている．

§6．資源管理の今後の方向性と問題点

　前節で紹介した市場の取り組みに代表されるように，漁業者側も高い資源管理意識をもちつつある．一方で市場に流通しない遊漁の漁獲実態には不明な部分が多く，キジハタの強い定着性ゆえに放流場所では漁獲サイズになる前に遊

漁による集中的な不合理漁獲も想定される．

　現在，山口県では放流場所の保護区域設定に向けた検討を行っているが，これには遊漁者の理解や協力を得る努力がさらに必要になるであろう．あるいは，漁業者と遊漁者が一体となって取り組める資源管理手法の提案なども必要になると思われる．

文　献

1) 片山正夫, 益田　一, 荒賀忠一, 上野輝彌, 吉野哲夫編.「日本産魚類大図鑑解説」東海大学出版会. 1984; 126-127.
2) 瀬能　宏.「日本産魚類検索 全種の同定 第二版」(中坊徹次編) 東海大学出版会. 1993; 690-717.
3) 益田　一, 小林安雅.「日本産魚類生態大図鑑」東海大学出版会. 1994; 109-114.
4) 萱野泰久, 尾居　正. 人工生産したキジハタの成長と産卵. 水産増殖 1994; 42: 419-425.
5) 社団法人山口県栽培漁業公社. マダイ・ヒラメ放流効果実証事業報告書（山口県日本海広域栽培パイロット事業）平成元年度〜7年度. 1996; 16-26.
6) 玉木哲也. 兵庫県但馬沿岸におけるキジハタの行動とすみ場. 水産工学 2000; 37: 63-65.
7) 萱野泰久, 林　浩志, 田中丈祐, 片山敬一. 瀬戸内海白石島海洋牧場に生息する魚類の生活様式とキジハタ放流魚の生態. 栽培技研 1998; 27 (1): 27-34.
8) 松尾健司, 宮川昌志, 神田　優, 山岡耕作. 伊吹島岩礁性魚類の食性. 高知大学海洋生物教育センター研究報告 1997; 17: 41-61.
9) 平成24年度栽培漁業・海面養殖用種苗の生産・入手・放流実績（全国）〜総括編・動向編〜. 独立行政法人水産総合研究センター. 2014.
10) 三谷　勇. ヒキガエルが化けた魚, メバル類. 海づくり協会 WEB 叢書 2 2009.
11) 南部智秀, 松尾圭司. 水産基盤整備調査事業(キジハタ). 山口県水産研究センター事業報告 2014; 24.
12) 萱野泰久. 人工魚礁に蝟集するキジハタの食性. 水産増殖 2001; 49: 15-21.
13) 玉木哲也. 但馬沿岸におけるキジハタの食性および二・三の行動について. 兵庫水試研報 1981; 20: 29-32.
14) 萱野泰久, 林　浩志, 片山貴之. 音響馴致放流したキジハタの人工魚礁における滞留状況. 水産工学 2001; 38: 185-191.
15) 奥村重信, 小畑泰弘. キジハタ増殖魚礁の開発と漁港への応用. 日水誌 2006; 72: 463-466.
16) 青山　智, 藤澤真也, 瀧岡仁志, 川畑智彦, 伊藤　靖, 柿元　晧. 貝殻を利用した幼稚魚保護育成施設の開発. 海洋開発論文集 2008; 24: 321-326.

8章 ハタ科魚類の新たな養殖と戦略
～スジアラを例として～

武部孝行[*1]・照屋和久[*1]

　スジアラ属 *Plectropomus* は現在7種で構成され，その生息域は北緯33°から南緯30°の熱帯および亜熱帯域に集約されており，マハタ属 *Epinephelus* が北緯38°から南緯42°と広く分布していることと比較すると，"南方系ハタ"といっても過言ではないであろう[1]．

　スジアラ *P. leopardus* は南日本からオーストラリアおよびインド洋などに生息し，とくに世界的にも重要な沿岸漁業資源の一つである．沖縄県では県三大高級魚のトップに位置付けられており，"アカジンミーバイ"と呼ばれている．その漁獲量は30年前までは100 t 前後あったものが[2]，近年天然資源量の減少により，現在は20～30 t で推移している[*2]．"ミーバイ"とは沖縄県の方言で"ハタ科魚類"の総称である．"アカジン"の謂われについては，沖縄で着物を方言で"チン"と総称するが，それが変形して"ジン"となり「赤い着物を着た魚」を意味するという説と，お金を意味する"銭"が方言で"ジン"ということから「赤くてお金になる魚」という2つの説がある．また，スジアラなどのハタ科魚類は，その白く甘い身質により，それを食することによって身体の汚れ（けがれ）を落としてくれるというイメージがあり，"下ぎ薬（さぎぐすい）"ともいわれ，非常に貴重な魚として扱われていたこともある．

　一方，東南アジア諸国では，近年中国市場をターゲットとしたスジアラを含むハタ科魚類の活魚流通および天然魚を用いた養殖業が盛んになっている[3]．そのため，食用魚および養殖用種苗（稚魚）の確保に，シアン化合物漁やダイナマイト漁などのいわゆる"破壊的漁法"が行われ[4-6]，周辺漁場の環境破壊が進み，天然漁業資源が著しく減少している．これらの現状を打開するため，中国，台湾，東南アジアおよびオセアニアでは，スジアラなどのハタ科魚類を重要な増養殖

[*1] 水産総合研究センター西海区水産研究所亜熱帯研究センター
[*2] 沖縄県企画部統計課，県ホームページ発表資料より引用

対象種として研究を進めており[7]，また，種苗生産技術の確立も強く求められている[3,4,6,7]．

本章では西海区水産研究所亜熱帯研究センター（西海区亜熱帯センター）が，スジアラを亜熱帯水域の重要な沿岸漁業資源の対象種として位置付け，1986年より取り組んできた親魚養成，種苗生産および増養殖などに関する研究成果および技術開発の概要について紹介する．

§1. 親魚養成および採卵技術開発～スジアラの産卵は"月"任せ？～

1986年より天然魚を用いた親魚養成技術開発に着手し[8]，1988年に陸上水槽での自然産卵による採卵に成功した[9]．この取り組みにより，多くの繁殖関連情報が得られている．受精卵の経時的な発生状況の観察から，水温が約26℃で受精後26～27時間後に孵化することが明らかとなった[10]．また，水槽内の状況を詳細に調査することによって，産卵期間中における産卵時間，産卵回数が明らかとなった．これによると産卵は19：00～23：00の間に開始され，約1時間継続し，その間に数回の産卵が行われる[11]．本種は産卵期間中に1個体の雄が数個体の雌を従えるハレムを形成することが知られているほか，求愛行動に伴う雄個体の体色の変化，雌個体に対する雄個体の一連の産卵誘発行動などがGoeden[12]によって報告されているが，このような特徴もよく一致していた．天然海域におけるスジアラの産卵については，新月に産卵が始まり満月で終息することが報告されている[13,14]．水槽内における産卵においても，水温が23℃以上になった4月から10月の間，新月の前後1週間の間で産卵することが確認された（図8・1）[15]．このことから，スジアラの産卵は"月"任せといえる．

§2. 種苗生産技術の開発
2・1 至適飼育環境および餌料条件の把握

1988年より種苗生産技術開発に着手し，まず，人工飼育環境下におけるスジアラ仔稚魚の経時的な形態変化および発育状況について調査が行われた[10]．その後，種苗生産初期における飼育水温[16,17]，日周条件[18]および照度条件[19]などの至適飼育環境の解明が進められるとともに，仔魚の餌料生物に対するサイズ選択性の確認[20]や小型ワムシ給餌の有効性[21]など初回摂餌に関する知見の集

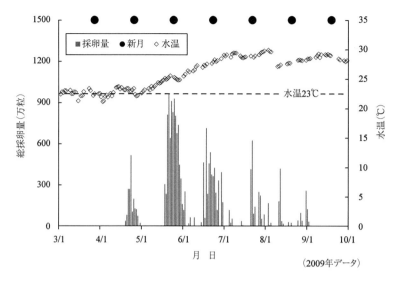

図8・1 月周期とスジアラの産卵周期との関係および採卵数

積が行われた.これらの研究により,とくに,スジアラ仔魚は水温28℃で孵化52時間後に開口するが,開口から初回摂餌までの時間が6時間以上遅れると,5日齢での成長や生残に影響を及ぼすことが明らかにされている[17].そのため,開口から6時間以内にスジアラ仔魚に効率良く,適正な量の餌料を摂餌させるための飼育環境を整えられるかが重要であることを指摘している[17].

2・2 スジアラ仔魚の沈降死とその防除方法を取り入れた種苗量産

スジアラの種苗生産技術開発に着手して9年目の1997年に12万個体の種苗生産に成功したものの(図8・2),それ以降も取り揚げまでの生残率は5%以下と低く,とくに,10日齢までの飼育初期における死亡減耗が著しく(図8・3),安定性を欠く生産が続いた.

この原因の1つには,仔魚が夜間に水槽底に沈み死亡する現象,すなわち"沈降死"が関係していると考えられた."沈降死"はハタ科魚類[22-24]の他にも,クロマグロ *Thunnus orientalis* [25]やカンパチ *Seriola dumerili* [26]などでも発生するが,仔魚が水槽底に沈むのは比重の増加と関係していることが明らかになっている[25-27].しかし,仔魚が水槽底に沈降することによって死亡するメカニズムは解明されていない.水槽底面もしくはゴミなどの堆積物との接触で生じる

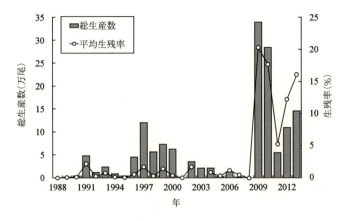

図8・2 西海区亜熱帯センターにおけるスジアラ種苗の生産数および生残率の推移

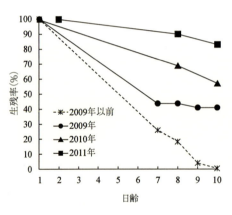

図8・3 スジアラ種苗生産における初期生残向上の推移

外傷や病原性細菌の感染[25,28]あるいは水槽底部の飼育水環境でのガス交換（呼吸）効率の低下[29]などが原因として推察されている．一方，クロマグロにおいては沈降状態から回復するために仔魚は頻繁に上下方向への遊泳移動を行い，この過剰な運動が個体のエネルギー消費をもたらし，これが減耗の一因になっていること[30]，沈降した仔魚はワムシを摂餌する行動に異常をきたし，成長や生残に影響を及ぼすことが推察されている[31]．しかし"沈降死"は通気量の調節により抑制が可能であり，クエ E. bruneus [32] や他魚種[29,33,34]において生残率の向上が認められている（6章参照）．そこで，スジアラ仔魚において"沈降死"が発生するのか，そして通気を施すことによって"沈降死"を防ぐことが可能なのか確かめるために 100 L 容ポリカーボネイト製円形水槽を用いて試験を行った．その結果，卵黄を吸収し摂餌を開始する 3 日齢に"沈降死"が発生し，日齢を重ねるごとに水槽底面に沈んでいる死亡個体

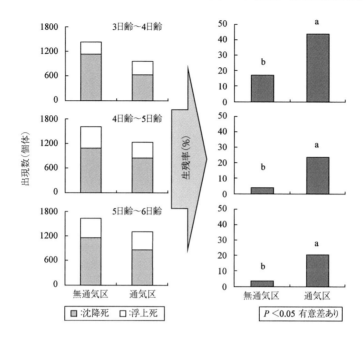

図8・4 異なる撹拌状況におけるスジアラ仔魚の沈降死および浮上死個体の出現状況,および生残率の違い(武部ら[35]を改変)
異なるアルファベットは有意差があることを示す.

数が増加する傾向を示した. また, 沈降による減耗は, 通気による水槽内の流場制御で抑制が可能であることが示唆された(図8・4)[35]. さらに, 西海区亜熱帯センターの60 kL 八角形コンクリート製水槽(底面積25 m^2, 実効水量: 50 kL)での"沈降死"対策として, 水中ポンプを用いて飼育水の流動を制御し(図8・5), 仔魚が水槽底に沈む現象を防止する手法を考案した(特開2010-172505号). その結果, 10日齢までの初期生残率が従来の5%以下から40%以上と大幅に向上し, 現在では70〜80%を示すようになった(図8・3). また, 取り揚げまでの生残率も優良事例で30%以上を示すこともあり, 10万尾レベルで安定的に生産できる種苗生産技術の開発に成功した(図8・2)[35].

なお, 筆者らの経験上, "沈降死"は沈降した仔魚の水槽底密度が低い場合はほとんどみられず, 密度が高い場合に多くみられる. すなわち, 沈降した仔魚が水槽底に高密度に分布することによる局所的な酸欠が"沈降死"の主原因であ

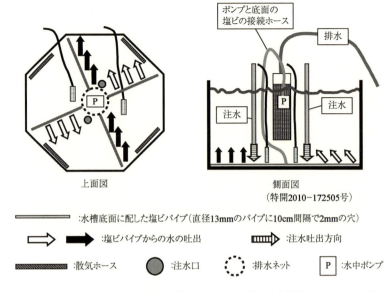

図 8・5 西海区亜熱帯センター 60 kL 八角形コンクリート製量産水槽を用いたスジアラ飼育システム(武部ら[35])を改変)

ろうと考えられる。そのため、沈降対策として通気や水流によって水槽底面に流れを形成する手法が"沈降死"対策として功を奏したものと考える。

2・3 初期生残向上による新たな問題"中期減耗"

2011 年に生産数および生残率は大きく低下した(図 8・2)。これは 10 日齢以降に発生した"中期減耗"によるものである。

他のハタ科魚類と同様にスジアラ仔魚は発育に伴い、第 2 背鰭および腹鰭の棘が伸長する。さらに、この棘の内側は鋸歯状になっている(図 8・6)。水中ポンプを用いた飼育手法の導入によって 10 日齢までの初期生残率が向上した結果(図 8・3)、仔魚の密度が高まり、仔魚の個体間距離が狭くなった。そのため、この棘によって互いが互いを傷つけあい、あるいは自らも傷つけてしまい、それが間接的な原因となり死亡したものと考えられた[*3]。また、このときのスジアラ仔魚は、水面付近での立ち泳ぎもしくは旋回遊泳といった異常遊泳行動を示し、目視観察上、体表が局所的もしくは全体的に白濁しているのが特徴である[*3]。

[*3] 武部,未発表

8章 ハタ科魚類の新たな養殖と戦略 *115*

従来,種苗生産開始時の飼育水槽へのスジアラ仔魚の収容密度は,1万尾／kLを基本としていた.そこで,その半分の0.5万尾／kL収容した水槽と従来通り1万尾／kL収容した水槽とで飼育試験を実施したところ,1万尾／kL収容した水槽は10日齢以降に生残率が急減し,14日齢には全滅してしまった.一方,0.5万尾／kL収容した水槽では"中期減耗"は発生せず,取り揚げまで継続して飼育することができた(図8・7).これは,あらかじめスジアラ仔魚の収容密度を下げて個体間距離を拡げた結果,"中期減耗"が発生しなかったものと考えられた.そのため,

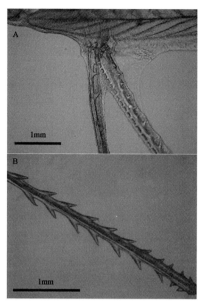

図8・6 A:スジアラ仔魚の伸長した腹鰭棘,
B:鰭膜を除去した棘

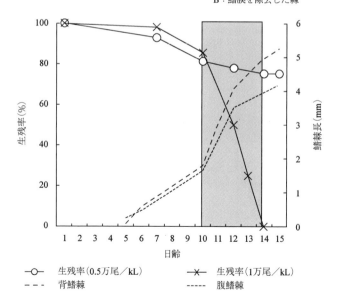

図8・7 スジアラ仔魚の鰭棘伸長と異なる収容密度条件下における生残率との関係(武部,未発表)

現在スジアラの種苗生産では"中期減耗"の発生を予防するため,飼育開始時の水槽への仔魚収容密度は0.5万尾／kLを基本としている.

§3. 疾病の発生とその対策

1990年以降,スジアラ受精卵に寄生する原虫症が発生した[8].この原虫は卵黄内で分裂増殖し,孵化した仔魚の卵黄膜の破裂を引き起こし,死に至らしめるものであり,ヨーロッパで知られる肉質鞭毛虫 *Ichthyodinium chabelardi* に酷似していた.しかし,感染様式,発達過程,SSU rDNA (small subunit ribosomal DNA) 配列の違いから,未分類種 *Ichthyodinium* sp. PL とされた.この原虫症の防除方法としては,オゾン殺菌装置によるオキシダント殺菌処理海水中で産卵させることで病気の発生が抑制できることが明らかとなった.また,現在では海水電気分解殺菌装置を使用しているが,今のところ発症はみられていない[36].

また,種苗生産技術の開発当初から,エピテリオシスティス類症(EPO類症)が多発し,種苗生産が行えないシーズンもあったが,飼育水を紫外線殺菌装置で殺菌することにより,現在ではほとんど発症していない[37].

さらに,他のハタ科魚類では甚大な被害を及ぼすウイルス性神経壊死症(Viral Nervous Necrosis : VNN)は,スジアラではインドネシアバリ島の種苗生産施設においての発生報告事例がある[*4].また,日本国内ではヤイトハタ *E. malabaricus* からの水平感染が疑われたスジアラ稚魚への感染報告もあることから[38],本種に対するVNNの発生には注意が必要である.本疾病は発生してから対策がとれないため,発生前の防疫および防除対策が重要である(5章参照).

その他,親魚飼育ではネオベネデニア *Neobenedenia* およびカリグス *Caligus* などのいわゆる"ハダムシ"による寄生虫症が報告されているが[39,40],防除(予防)方法として定期的な淡水浴が効果的である.また,種苗生産もしくは中間育成時に発生する滑走細菌症やビブリオ病などの細菌性疾病については[41],水産用医薬品の使用基準にもとづいた,抗生物質などの使用によって治療が可能である.

近年,フィリピンで養殖されていたスジアラ幼魚において,体表の潰瘍を伴

[*4] 武部,私信

う大量死亡事例が報告された．患部およびその周辺から分離された細菌は，いずれも *Vibrio harveyi* あるいは *V. harveyi* クレード[*5]に分類され，病原性試験の結果，一部の *V. harveyi* は，スジアラに対して強い病原性を示す新たな疾病であることが明らかとなった[*6]．今のところ本疾病発症後の対策はないが，感染を防ぐための清浄な環境作りが重要であり，防疫体制の構築が急務である．

§4. 今後の課題と展望〜スジアラを真の"アカジン（銭）"にするために〜
4・1 スジアラ養殖における技術開発の方向性

ハタ科魚類は中国で珍重されており，とくに，スジアラは最高級魚の一つである（口絵3）．中国での取引価格は日本国内での価格を大きく上回っており，本種は輸出産品としても期待が大きい魚種である[42)]．また，4〜5人前用の尾頭付き料理に用いられる"プレートサイズ"（図8・8）といわれる500〜800 gサイズが，末端価格で20000円／kg 以上と，とくに高価格で取引される[*7]．また，中国では体色が重要な価格決定権をもっており，赤色の個体であれば茶色のものよりも2倍近くの値段で取引される[*7]．このことから，スジアラの養殖技術の開発の目標は，このサイズまでいかに早く，安く，さらに赤い魚を安定的に生産することである．

一方，沖縄県のような沿岸がサンゴ礁で囲まれた亜熱帯地域では本州沿岸域で行われている海上養殖施設を設けるには場所が少なく，さらに大型台風による被害が頻繁に発生するため，海上養殖より陸上施設による養殖技術の開発が必要である．そのため，西海区亜熱帯センターでは，陸上養殖に適した資機材を用いたスジアラ養殖技術の開発に取り組んでいる．

水温や照度などの環境制御を施していない通常の飼育条件下では，目標サイズとして定めている500 g前後に達するには約2年間を要する（図8・9）．その要因は冬場の水温低下による摂餌不良にあり，それを改善することによって飼育期間が短縮できる可能性がある．しかし，加温装置を用いるとコストが増すため，商品価格にも影響を及ぼしてしまう．

[*5] "クレード"とは，ある進化の段階にある生物から進化した生物群の集合を指す．
[*6] 湯浅ら，未発表
[*7] 武部，私信

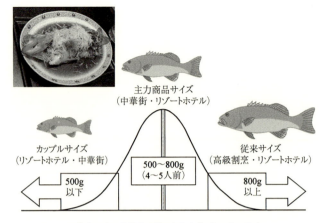

図8・8　既存の出荷サイズ概念の再考と使い分けの一例
　　　　写真："プレートサイズ"の調理の一例（料理名：清蒸東星斑）

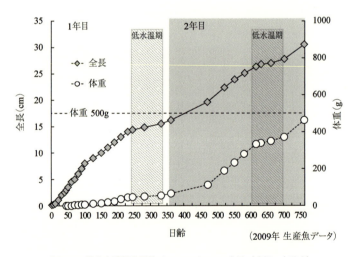

図8・9　陸上水槽飼育環境下でのスジアラの成長（武部，未発表）

そこで沖縄本島で周年22〜23℃ [43]，石垣島で周年25〜26℃ [44] と安定した水温である地下浸透海水を冬場の水温低下時に，飼育水に利用する試みがなされた．その結果，スジアラの冬場の成長停滞は改善され，目標サイズまでの期間を2〜3ヶ月短縮することに成功した[*8]．また，地下浸透海水はろ過された海水であり，疾病防除にも有効とされ，殺菌装置導入によるコスト増の軽減にもなるものと考えられる．

今後は飼育環境の改善，飼餌料および給餌手法の改良などによる好成長化技術の開発を行うとともに，マダイ Pagrus major で報告されているような高濃度アスタキサンチンの配合飼料への添加[45]や飼育環境の調光[46]などによって体色を改善し，付加価値を高めることを検討する必要がある．また，このように高成長および体色改善手法は，スジアラ養殖技術において最も重要な部分であり，育種を含めた研究および技術開発成果など，国外対応および戦略を検討する必要がある．

4・2 スジアラの育種研究の可能性について

一般的に種苗生産過程において個体の成長には差が見られるが，成長がとくに良好な個体を"トビ"，反対に成長が著しく劣る個体を"ビリ"と呼ぶことがある．この成長差はスジアラの種苗生産過程でも生じる．このスジアラの成長差の発現に関して，発現時期の特定と遺伝的影響についての検討がなされている．その結果，成長差は飼料系列の転換時期に発現し，仔魚から稚魚に変態が完了することによって助長されることが予想されている．一方，成長差を決めるような遺伝的影響は小さいことが推察されている[47]．

しかし，他の魚類では成長差の発現には少なからず遺伝的な影響が作用していることが示唆されている[48,49]．クエおよびマハタ E. septemfasciatus においては成長形質の他に耐病性，とくに抗VNNの遺伝形質を有する雄親魚の特定がなされている[50]．このことから，スジアラにおいても不妊化技術を含めた成長形質，さらには，養殖商品として付加価値を高める身質や体色といった遺伝形質をターゲットとした育種研究が必要であろう．また，スジアラは人工生産魚からの採卵も可能であることから[51]，育種技術の開発は本種の種苗生産および養殖技術の発展に大いに役立つと考えられる．

[*8] 岸本，木村，未発表

4・3 地産地消拡大への取り組みと輸出産品としての可能性

　スジアラはその赤い体色から沖縄県の食材としてインパクトがあり，身質では，和洋中のいずれの料理食材としても相性が良く，利用範囲が多岐にわたるため，観光資源および有用水産食材としてもアピールしやすい．そのため，その美味しさを広く知ってもらおうと，東京および大阪で開催されたシーフードショー[*9]において，卵から飼育し養成した 500 g ～ 1 kg のスジアラの展示および試食会を行った．また，試食者には今後のスジアラ養殖研究に活用するためのアンケート調査を実施した．

　その一部の結果として，東京ではスジアラを知っているという回答が 19 % であったが，試食後の感想として 90 % 以上の方から "美味しい魚" として高い評価が得られた．一方，大阪ではスジアラを知っているという回答が 36 % で東京より知名度は高かったが，試食後の感想として "美味しい魚" との回答は約 70 % と東京よりも低かった（図 8・10）．これは大阪を含めた関西エリアはクエの食文化圏であり，スジアラは "クエの代替品" として低く評価された可能性が考えられた．

　しかし，東京，大阪とも 70 % 以上の人が美味しい魚だと思っていることから，スジアラの知名度を高めるために，まず，沖縄県内で県外および国外の観光客をターゲットとしてスジアラを食してもらい，その独特の美味しさを知ってもらうことが大切である．それが将来，県外および国外へ波及し南西諸島におけるスジアラ養殖産業の創出につながるものと考える．

　また，中国では春節（旧正月）や日本の建国記念日に相当する国慶節において，海外で養殖された冷凍スジアラが日本円で，キロ単価 1 万円で売りに出され，贈答用として重宝された[*10]．このことから，日本で生産した養殖スジアラは中国，台湾および華僑をターゲットにした輸出産品として海外輸出も視野に入れられるのではないであろうか．

[*9] 第 14 回ジャパンインターナショナルシーフードショー，第 10 回シーフードショー大阪
[*10] 武部，私信

8章 ハタ科魚類の新たな養殖と戦略 *121*

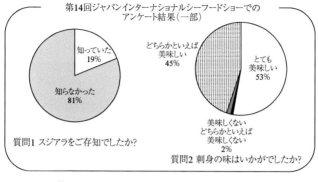

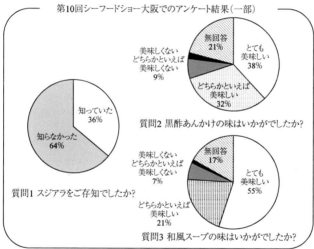

図8・10 東京および大阪で開催されたシーフードショーでのアンケート調査結果（一部）

文　献

1) Heemstra PC, Randall JE. FAO Species catalogue, Vol. 16 Groupers of the world. FAO. Rome. 1993.
2) 友利昭之助. 第5章 魚類の増養殖 ハタ類. 「サンゴ礁域の増養殖」（諸喜田茂充編）緑書房. 1988; 133-140.
3) 田和正孝. 第二章 ハタがうごく－インドネシアと香港をめぐる広域流通. 「海人たちの自然誌－アジア・太平洋における海の資源利用」（秋道智彌, 田和正孝編）関西学院大学出版会. 1998; 33-55.
4) 鹿熊信一郎. 東南アジアにおけるサンゴ礁魚類の養殖, シアン化合物漁と活魚流通－香港での活魚流通とフィリピンでの簡易生簀養殖を例として－. 地域研究 2006; 2: 155-161.
5) 鹿熊信一郎. アジア太平洋島嶼における破壊的漁業と海洋保護区－サンゴ礁生態

系と漁業の両立をめざして−．国立民族学博物館研究 PJ「先住民による海洋資源の流通と管理」研究成果報告書 2007; 213-242.
6) 瀬尾重治．マレーシアの養殖事情（上）−国土・社会・養殖の概要，サバ州の海水魚養殖．養殖 1997; 424: 86-90.
7) ジョバート・トレド．東南アジアのハタ養殖産業の現状と展望．アクアネット 2012; 165: 34-37.
8) 日本栽培漁業協会 40 年史．II 栽培漁業技術開発の歩み．2-(2) 親魚養成技術開発．⑦スジアラ．日本栽培漁業協会．2003; p42.
9) 升間主計．III-1 成体の確保と採卵．K 新しい栽培種として期待される魚類．K-5 はた類（3）スジアラ．日本栽培漁業協会事業年報（昭和 63 年度），日本栽培漁業協会．1990; 41-44.
10) Masuma S, Tezuka N, Teruya K. Embryonic and morphological development of larval and juvenile coral trout, *Plectropomus leopardus*. Japan. J. Ichthyol. 1993; 40: 333-342.
11) 照屋和久，升間主計，本藤 靖．水槽内でのスジアラの産卵および産卵行動．栽培漁業技術開発研究 1992; 21: 15-20.
12) Goeden GB. A monograph of the coral trout *Plectropomus leopardus* (Lacepéde). Queensland Fish. Res. Bull. 1978; 1: 1-42.
13) Samoilys MA, Squire LC. Preliminary observations on the spawning behavior of coral trout, *Plectropomus leopardus* (Pisces: Serranidae), on the Great Barrier Reef. Bull. Mar. Sci. 1994; 54: 332-342.
14) Zeller DC. Spawning aggregation: patterns of movement of the coral trout *Plectropomus leopardus* (Serranidae) as determined by ultrasonic telemetry. Mar. Ecol. Prog. Ser. 1998; 162: 253-263.
15) 山本和久，與世田兼三．飼育条件下におけるスジアラの産卵生態について．栽培漁業センター技報 2005; 4: 9-13.
16) 照屋和久．III-3 種苗生産技術の開発．K 新しい栽培種として期待される魚類．5 はた類（1）スジアラ．日本栽培漁業協会事業年報（平成 8 年度），日本栽培漁業協会．1998; 174-176.
17) 與世田兼三，照屋和久，山本和久，浅見公雄．異なる水温と初回摂餌の遅れがスジアラ仔魚の摂餌，成長，および生残に及ぼす影響．水産増殖 2006; 54: 43-50.
18) 與世田兼三，團 重樹，藤井あや，黒川優子，川合真一郎．異なった日周条件がスジアラ仔魚の初期摂餌，初期生残および消化酵素活性に及ぼす影響．水産増殖 2003; 51: 179-188.
19) Yoseda K, Yamamoto K, Asami K, Chimura M, Hashimoto K, Kosaka S. Influence of light intensity on feeding, growth and early survival of leopard coral grouper (*Plectropomus leopardus*) larvae under mass-scale rearing conditions. Aquaculture 2008; 279: 55-62.
20) 升間主計，竹内宏行．スジアラ仔魚の 3 タイプのワムシに対する摂餌選択性．栽培漁業技術開発研究 2001; 28: 69-72.
21) 與世田兼三，浅見公雄，福本麻衣子，高井良幸，黒川優子，川合真一郎．サイズの異なる 2 タイプのワムシがスジアラ仔魚の初期摂餌と初期生残に及ぼす影響．水産増殖 2003; 51: 101-108.
22) 照屋和久．マハタの親魚養成における VNN 抑制技術と健苗生産技術開発．栽培漁業センター技報 2004; 1: 67-70.
23) 南部智秀，山本健也，道中和彦，原川泰弘．キジハタの種苗生産・放流技術開発．山口県水産研究センター事業報告 2006; 35-40.
24) 照屋和久．日本栽培漁業協会におけるハタ類の種苗生産．海洋水産資源の培養に関する研究者協議会論文集 V 2003; 163-167.
25) Takashi T, Kohno H, Sakamoto W, Miyashita S, Murata O, Sawada Y. Diel and ontogenetic body density change in Pacific bluefin tuna,

Thunnus orientalis(TEMMINCK and SCHLEGEL), larvae. *Aquacult. Res.* 2006; 37: 1172-1179.

26）照屋和久，浜崎活幸，橋本　博，片山俊之，平田喜郎，鶴岡廣哉，林　知宏，虫明敬一．カンパチ仔魚の成長にともなう体密度と水槽内鉛直分布の変化．日水誌 2009; 75: 54-63.

27）Kitajima C, Yamane Y, Matsui S, Kihara Y, Furuichi M. Ontogenetic change in buoyancy in the early stage of red sea bream. *Nippon Suisan Gakkaishi* 1993; 89: 209-216.

28）宮下　盛．種苗生産における浮上および沈降死．日水誌 2006; 72: 947-948.

29）萱場隆昭，杉本　卓，松田泰平．マツカワ種苗生産における仔魚の大量沈下減耗．水産増殖 2003; 51: 443-450.

30）坂本　亘，岡本杏子，上土生起典，家戸敬太郎，村田　修．クロマグロ仔魚の成長に伴う比重変化．日水誌 2005; 71: 80-82.

31）Takebe T, Kurihara T, Suzuki N, Ide K, Nikaido H, Tanaka Y, Shiozawa S, Imaizumi H, Masuma S, Sakakura Y. Onset of individual growth difference in larviculture of Pacific bluefin tuna *Thunnus orientalis* using fertilized eggs obtained from one female. *Fish. Sci.* 2012; 78: 343-350.

32）照屋和久，與世田兼三．クエ仔魚の成長と生残に適した初期飼育条件と大量種苗量産試験．水産増殖 2006; 54: 187-194.

33）山崎英樹，塩澤　聡，藤本　宏．日本栽培漁業協会におけるブリ種苗生産の現状．水産増殖 2002; 72: 1158-1160.

34）木村伸吾，中田英昭，Marguline D, Suter JM, Hunt SL．海洋乱流がキハダマグロ仔魚の生残に与える影響．日水誌 2004; 70: 175-178.

35）武部孝行，小林真人，浅見公雄，佐藤　琢，平井慈恵，奥澤公一，阪倉良孝．スジアラ仔魚の沈降死とその防除方法を取り入れた種苗量産試験．水産技術 2011; 3: 107-114.

36）Mori K, Yamamoto K, Teruya K, Shiozawa S, Yoseda K, Sugaya T, Shirakashi S, Itoh N, Ogawa K. Endoparasitic dinoflagellate of the Genus *Ichthyodinium* infecting fertilized eggs and hatched larvae observed in the seed production of leopard coral grouper *Plectropomus leopardus*. *Fish Pathol.* 2007; 42: 49-57.

37）日本栽培漁業協会40年史．II 栽培漁業技術開発の歩み．2-(3) 種苗生産技術開発．⑨スジアラ．日本栽培漁業協会．2003; p62.

38）狩俣洋文，仲盛　淳，仲本光男，呉屋秀夫，福徳　学．栽培漁業推進対策事業（スジアラ）．平成15年度沖縄県水産試験場事業報告書 2005; p195.

39）照屋和久．III-1 成体の確保と採卵．K 新しい栽培種として期待される魚類．5 はた類（1）スジアラ．日本栽培漁業協会事業年報（平成8年度），日本栽培漁業協会．1998; 52-53.

40）井手健太郎．II-1 各事業場において実施した技術開発．16 奄美事業場 5．スジアラの種苗生産と中間育成技術の開発．(1) 親魚養成技術の開発．日本栽培漁業協会事業年報（平成14年度），日本栽培漁業協会．2004; 376-377.

41）手塚信弘．IV 資源添加技術開発の概要．K 新しい栽培種として期待される魚類．4 はた類（1）スジアラ．日本栽培漁業協会事業年報（平成5年度），日本栽培漁業協会．1995; 308-309.

42）松浦　勉．日中韓3か国における海産活魚貿易の動向と日本からの新たな海産養殖魚類の輸出．北日本漁業 2011; 39: 172-185.

43）佐多忠夫，甲斐哲也．ろ過海水と地下浸透海水によるヤイトハタの飼育試験．沖縄県栽培漁業センター事業報告書 2010; 46-47.

44）岸本和雄，木村基文．地下浸透海水を利用したヤイトハタの養殖特性（種苗生産・

養殖への地下浸透海水利用技術開発). 沖縄県水産海洋研究センター事業報告書 2011; 53-61.
45) 村田　修. マダイ.「海産魚の養殖」(熊井英水編)湊文社. 2000; 89-108.
46) 足立亨介, 家戸敬太郎. 稚魚, および成魚マダイ体表の黒色化に与える遮光飼育の影響. 水産増殖 2010; 58: 181-187.
47) 武部孝行, 宇治　督, 尾崎照遵, 奥澤公一, 山田秀秋, 小林真人, 浅見公雄, 佐藤　琢, 照屋和久, 阪倉良孝. スジアラ種苗生産で見られた成長差の発現時期と遺伝的影響. 日水誌 2015; 81: 52-61.
48) Sekino M, Saitoh K, Yamada T, Kumagai A, Hara M, Yamashita Y. Microsatellite-based pedigree tracing in a Japanese flounder *Paralichthys olivaceus* hatchery strain: implications for hatchery management related to stock enhancement program. *Aquaculture* 2003; 221: 255-263.
49) 谷口順彦, 松本聖治, 小松章博, 山中弘雄. 同一条件で飼育された由来の異なるマダイ5系統の質的および量的形質に見られた差異. 日水誌 1995; 61: 717-726.
50) 山下浩史. ハタ類育種に向けた繁殖・飼育技術の現状と課題. 水産育種 2011; 40: 75-76.
51) 照屋和久. III-1 成体の確保と採卵. K 新しい栽培種として期待される魚類. 5 はた類 (1) スジアラ. 日本栽培漁業協会事業年報 (平成6年度), 日本栽培漁業協会. 1996; 38-40.

III. ハタ科魚類増養殖の今後を考える

9章　種苗生産技術の高度化に向けて

征矢野　清[*1]・中田　久[*2]

　ハタ科魚類の種苗生産技術は，各章で論じられているように，近年急速な進歩を遂げている．しかし，より安定的にかつ低コストで種苗を生産するためには，より高度な技術開発が求められる．また，漁業者の生活を向上させるためには，安定して高収入を得ることができる増養殖体系を確立する必要がある．そのためには付加価値のある種苗の生産が強く望まれる．このような種苗生産の高度化に対する取り組みは，ハタ科魚類以外の種苗生産においても実施されている．注目されている技術としては大型魚類や希少種の種苗確保に有効であると考えられる代理親魚を用いた受精卵確保技術[1,2]などがある．またブリ類では天然種苗から人工種苗への転換を進めるにあたり，付加価値のある人工種苗の生産を目的とした早期種苗生産が行われている[3]．この他，有用形質をもつ個体を確保するための選抜育種や有用遺伝子をもつ受精卵確保に向けた遺伝子解析なども進められており，養殖魚の「家魚化」に向けた取り組みも進んでいる．一方，種苗放流では，放流後の減耗と天然海域への定着が最も問題となることから，対象種の生態的特徴に視点をおいた放流時期や場所の選定，放流効率を上げるための馴致対策などが検討されている[4-6]．しかし，放流用種苗においても健全な種苗を安定的に生産することが重要な課題であることに変わりはない．

　本章では，ハタ科魚類の種苗生産に焦点を当て，親魚養成から受精卵確保に至るまで，今後必要とされる技術開発とそのために取り組むべき研究課題について論ずる．

[*1] 長崎大学大学院水産・環境科学総合研究科附属環東シナ海環境資源研究センター
[*2] 長崎県五島振興局水産課上五島水産業普及指導センター

§1. 親魚の安定的な確保

マダイ Pagrus major, ヒラメ Paralichthys olivaceus, ブリ Seriola quinqueradiata などの種苗生産において, 通常の産卵時期（通常期）に人工環境下で産卵誘発をさせ受精卵を得るための親魚の確保は, それほど問題とされていない. しかし, ハタ科魚類は初回成熟までに年数を要する種が多く, また, 雌性先熟型の性転換魚であることから, 雌のみならず雄親魚の入手が困難な魚種である. キジハタ Epinephelus akaara やアカハタ E. fasciatus では満2歳から成熟個体が出現することから比較的親魚の確保が可能であるが, マハタ E. septemfasciatus やクエ E. bruneus などは初回成熟まで3～6年を要する. このような大型のハタ科魚類では, 多数の親魚候補個体を天然から確保することは難しい. そこで, 人工魚を種苗生産用親魚として育成することが求められるが, 初回成熟まで長期間の飼育が必要であることから, 膨大な飼育コストがかかるうえ, 長期にわたる飼育スペースの確保など多くの問題を抱えている. また, ハタ科魚類は成熟年齢に達してもすべての個体が成熟するわけではなく, 若齢のうちは成熟を開始しない個体が相当な数に上る. クエでは3年から成熟を開始するものの, 50％以上の個体が成熟するには4年以上を要することが, 人工魚を用いた実験により確認されている（1章参照）[*3]. したがって, 人工魚の親魚養成には若齢親魚の成熟率を向上させることと, 初回成熟までに時間がかかる魚種においては初回成熟年齢を早めること（若齢産卵）が今後求められる課題である.

一方雄は, 雌として機能していた個体が性転換によって雄になることから, 個体数が少ないうえに雌より大型となる. そのため雄親魚の確保が難しいことに加えて, 管理スペースが問題とされていたが, 近年, 雄性ホルモンを用いた雄化技術の研究が進み, 人為的に雌を雄に性転換させることによって精子を確保することが可能となった[7]. この他, カンモンハタ E. merra を用いてホルモン投与による雄化の基礎研究も進んでいる[8]. これに関しては1章に詳細に述べられているので, そちらを参照されたい.

ハタ科魚類におけるこれらの若齢産卵誘導と若齢個体の成熟率向上に有効な技術の開発には, 初回成熟誘導の生理メカニズムの理解が必要である. これまで, われわれは西海区水産研究所五島庁舎との共同研究において, クエの初回成熟因

[*3] 征矢野, 中川, 未発表

子の解明を進めてきた．1歳〜6歳までのクエの生殖腺発達を調べたところ，初回成熟は3歳より開始され，その後年齢の増加とともに成熟率が上昇する（図9・1）．2歳魚では3歳で成熟した個体よりも体長・体重が勝っていても成熟しない．また，3歳魚で成熟する個体は10％に満たないが，4歳魚になると半数以上の個体が成熟す

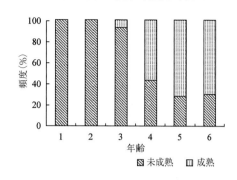

図9・1 クエの年齢と成熟個体の出現頻度の関係

る．このときの体サイズを成熟した個体と初回成熟に至らなかった個体で比較したところ，必ずしも大型の個体が成熟しているわけではないことがわかった（図9・2）．つまり，初回成熟の開始には体サイズ以外の要因が深く関与していると考えられる．

卵黄蓄積開始から最終成熟までの一連の生理変化は，視床下部〜脳下垂体〜生殖腺系によって統御されている[9]（図1・1：15ページ）．したがって，これらの機能が完全に活性化されることが初回成熟の開始には必要であるが，そこに

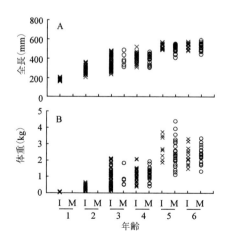

図9・2 人工飼育したクエの未成熟個体および成熟個体の全長（A）と体重（B）
I：未成熟個体，M：成熟個体．

は視床下部〜脳下垂体〜生殖腺系にかかわる複雑な制御機構が存在すると考えられる[10]．クエでは視床下部〜脳下垂体〜生殖腺系のうち，脳内における成熟情報発信機構の活性化が初回成熟開始の鍵となると推測される[11]．とくに濾胞刺激ホルモン（Follicle-stimulating hormone：FSH）と黄体形成ホルモン（Luteinizing hormone：LH）の2種の生殖腺刺激ホルモン（Gonadotropin：GTH）遺伝子発現量が初回成熟前の個体では低く，その結果，卵巣における雌性ホルモン（Estradiol-17β：E_2）の合成量も少ないという．

　成熟に関連した外部あるいは内部環境の伝達にかかわる脳内の生理活性物質は多数存在するが，これまでに研究の進んでいる生殖腺刺激ホルモン放出ホルモン（Gonadotropin-releasing hormone：GnRH）のほか，近年注目が集まっているキスペプチンや生殖腺刺激ホルモン抑制ホルモン（Gonadotropin-inhibiting hormone：GnIH）などの因子，さらにはメラトニン・セロトニン・ドーパミンといった生体アミン類が知られている[12]．ハタ科魚類においては，一部の魚種でGnRH，キスペプチン遺伝子の解析が開始されているものの，その情報は未だ不十分であることから，今後このような脳内情報伝達系の基礎情報を収集するための研究が必要である．これらの内分泌情報をもとに，成熟誘導因子の投与や内分泌系の活性化を誘導する環境制御などによる初回成熟の人為的誘導と成熟率の向上を目指すべきであろう．

§2. 質の高い受精卵の安定的確保技術
2・1　卵質

　種苗生産において，受精率・孵化率や孵化後の生残率を向上させること，仔稚魚の形態異常率を減少させることは古くから克服すべき課題として取り上げられてきた．その原因として「卵質」が問題視されているが，そもそも卵質とは何かについて科学的な説明がなされていない．また，これまで用いられている「卵質」には，親魚由来の卵質，つまり，母親の体内における卵母細胞の成長過程で取り込まれる卵黄タンパク質を中心とした生体内物質に由来する「卵質」と，排卵後の時間経過とともに低下する卵の構成タンパク質の劣化に伴う「卵質」とがあるが，これが混在して扱われている．両者はともに受精から胚発生，仔稚魚の成長にかかわる因子であることに違いはないが，「卵質」の改善を目指す

うえでは，区別して考えなければならない．しかし，この2つの「卵質」こそ，今後の種苗生産高度化のキーワードである．

2・2 親魚由来の卵質

近年，親魚由来の卵質の科学的説明と種苗生産における卵質の定義付けを試みる研究が行われており，仔稚魚の栄養となる卵黄タンパク質の種類や濃度の測定，天然個体と養殖個体の脂質を中心とした比較研究が進められている．なかでもとくに注目すべきは卵黄タンパク質とその機能である．卵黄タンパク質は，肝臓で合成される卵黄タンパク質前駆物質（ビテロジェニン）が4つのタンパク質（リポビテリン，ホスビチン，β'コンポーネント，C末端タンパク質）に切断されて卵母細胞に取り込まれたものである[13]．ビテロジェニンにはサイズの異なる複数の型（ビテロジェニンA, B, C）が存在するが，どのビテロジェニン由来であるかによって卵内における機能が違うという[14]．つまり，卵母細胞に取り込まれた由来の異なる卵黄タンパク質の比率や蓄積量の違いは，その後の胚発生などに影響を及ぼす可能性がある．しかし，胚発生の進行や仔稚魚の形態形成にどのタンパク質が関与しているのかなど，機能とのかかわりは未だ不明である．また，卵黄中には卵黄タンパク質の他に，親魚由来の様々な物質が蓄積されているが，これらもまた胚発生を正常に進行させる重要な因子として働くと考えられる．例えば卵黄中にはコルチゾルや甲状腺ホルモンなど親魚由来の様々なホルモンが蓄積されることが知られているが[15,16]，これらは胚自身の機能が活性化するまで，生理機能を維持するために利用されると推測される．これに加えて，近年では卵母細胞中のn-3高度不飽和脂肪酸（ドコサヘキサエン酸DHA, エイコサペンタエン酸EPAなど）やアスタキサンチンが胚発生の正常化や仔魚の活力向上に重要であることを指摘する報告もある[17-19]．しかし，いずれの研究も「卵質」の本質を解明するには至っていない．今後，質の高い受精卵を確保するためには，親魚から卵母細胞に蓄積された物質の動向と機能を詳細に解明し，卵質を向上させるための飼料開発に向けた情報提供が必要であろう．

2・3 排卵後の卵質低下

卵母細胞に蓄積されたタンパク質および卵母細胞の構造は，排卵とともに劣化の一途をたどる．われわれは搾出後にインキュベーターを利用し胚発生に適

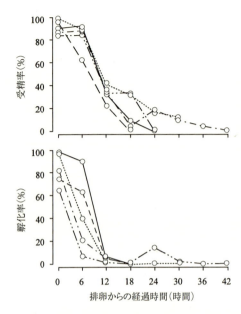

図 9・3 マハタにおける排卵後の経過時間と人工授精による受精率・孵化率の変化（Soyano et al.[20] を改変）
5尾の雌親魚より搾出した排卵卵それぞれについて人工授精を実施し，受精率・孵化率の変化を個体ごとに計測した．受精率と孵化率のグラフにおいて，同じ線形は同一個体を示す．

した一定の温度で管理したマハタの排卵卵を用いて，排卵直後（0時間）から排卵後42時間まで6時間ごとに新鮮な精子を用いた受精試験を行った[20]．その結果，排卵から6時間を経過した卵を用いた受精試験では，受精率は高いものの孵化率は低下する傾向を示し，12時間後のそれを用いた試験では，受精率は50％を下回り，孵化率は10％以下となった（図9・3）．このような受精率低下は，排卵卵を親魚の体内に残し，定期的に搾出・人工授精させた場合でも観察された．このような排卵後の受精率低下は，トラフグ Takifugu rubripes [21] をはじめマツカワ Verasper moseri [22] やブリ[23] でも知られている．このことから，人為操作により自然産卵を誘発することができる魚種はともかく，人工授精に頼らざるをえない魚種において高い受精率・孵化率を得るためには，受精に用いる卵の排卵からの経過時間がきわめて重要となる．排卵誘発のための人為的操作に伴い，卵母細胞は核移動・卵核胞崩壊・吸水といった最終成熟過程を経て排卵に至る（図9・4）が，これに要する時間は魚種ごとに異なる（6章参照）．同じハタ科であっても一連の最終成熟過程の完了には時間差があることから，種苗生産の対象種ごとにこの情報を入手しておかなければならない．また，この過程は水温の影響を強く受けると考えられる．詳しくは本章で後述するが，効率的な種苗生産を行ううえで水温の人為的操作による成熟・産卵誘導技術の高度化が進められている．しかし，水温と最終成熟や排卵後の時間経過に伴う卵質低下との関係を検討した例はない．排卵後の卵質低下メカニズムの解明とと

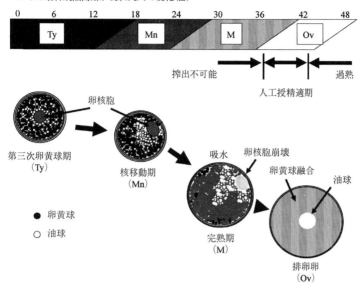

図9・4 マハタの時間経過に伴う最終成熟過程と人工授精適期(Soyano et al.[20]) を改変)

もに,水温の影響を明らかにすることは今後の重要研究課題である.

2・4 効果的な人為的成熟・排卵誘導

ハタ科魚類の種苗生産において,雌の最終成熟・排卵誘導はヒト絨毛性生殖腺刺激ホルモン (Human chorionic gonadotropin:HCG) や生殖腺刺激ホルモン放出ホルモンアナログ (Gonadotropin-releasing hormone analog:GnRHa) などの成熟誘導にかかわるホルモンを投与することによって行われている (6章参照).水槽内での自然産卵が可能な魚種もいるが,マハタなどでは人為的環境下で最終成熟・排卵は起こるものの産卵に至らない.これはハタ科魚類の産卵生態と大いに関係している.ハタ科魚類は産卵時に雌雄がペアとなって水面へ向かって上昇遊泳することが知られている[24,25]が,この産卵行動には十分なスペースが必要である.また,ハタ科魚類は縄張りをもつが,このような種が本来ありえないほどの高密度で飼育されると,水槽内の一ヶ所に固まるなど,個々の行動が抑制されるようである.これらが原因で排卵はするものの産卵はしないのではないかと考えられている.したがって,多くのハタ科魚類

では人工授精によって受精卵を確保せざるをえないのが現状である.

　ところが,自然排卵した卵を人工授精に用いても良好な受精率・孵化率は得られない.前述したように排卵からの時間が経過すればするほど卵質は低下し,卵の受精能力とその後の正常発生率は低下する.自然排卵は群れとして同調して起こるのではなく,個々の生理状態に即して起こることから,排卵日にばらつきが生じる.自然排卵した卵を集めて受精しても,良質な結果が望めない理由はここにある.水槽内の個体の排卵状況を1個体ずつ確認し,排卵直後の卵を回収するのは困難であることから,排卵直前の個体にホルモンを投与し,排卵直後の最適な卵を得ることが必要となる.また,ホルモン投与による排卵誘導は,親魚候補の排卵時間を同調させることができるため,同じ日に大量の受精卵を確保することが可能となる.これは,種苗生産の現場での卵・仔稚魚管理の効率化を可能とする.採卵作業が複数日にわたれば,現場での作業量を増加させるばかりでなく,小規模な事業所では実施そのものが困難となる.このように,一度に卵質の劣化のない卵を得るための手法としてホルモン投与はきわめて有効である.

　現在行われているホルモン投与では,まず卵母細胞の直径を測定し,卵成熟能を獲得した卵母細胞であるか否かの判定を行った後,卵成熟能(1章参照)を獲得していると判断された卵母細胞を有する親魚にホルモン投与を行っている[20].これまでに行われているハタ科魚類を対象としたホルモン投与の実施例を表9・1に示す.種苗生産の現場におけるホルモン投与方法の具体例と詳細については6章を参照されたい.ハタ科魚類における卵成熟能の獲得は,マハタでは450 μm前後,クエでは550 μm前後で起こることから,卵母細胞径がこれ以上であればホルモンに反応して最終成熟を起こす.しかし,マハタとクエでは卵成熟能を獲得するサイズには違いがあるように,これは魚種によって異なる.したがって,種苗生産の対象魚種ごとに,卵成熟能を獲得する卵母細胞のサイズを確認しなければならない.では,卵成熟能さえ獲得されていればよいのであろうか? われわれがクエを用いて調べたところ,卵成熟能を獲得している卵母細胞の直径には500〜700 μmと200 μmほどの幅がある.これらにホルモン投与を行うと,卵母細胞径が大きいほどホルモン投与から排卵までの時間が短い傾向にあることがわかった.直径の大きい卵母細胞はすでに内因

9章　種苗生産技術の高度化に向けて　*133*

表 9・1　ハタ科魚類のホルモン投与による最終成熟誘導例

種名	投与するホルモン（濃度）	投与方法	投与時の卵母細胞径	参考文献
マハタ	HCG (500 IU/kg BW)	注射	—	土橋ら (2007) [26]
マハタ	HCG (500 IU/kg BW)	注射	≧450 μm	辻ら (2011) [27]
マハタ	GnRHa (50 μg/kg BW)	インプラント	>420 μm	Ni Lar Shein *et al.* (2004) [28]
クエ	HCG (600 IU/kg BW)	注射	—	今泉ら (2005) [29]
クエ	GnRHa (50 μg/kg BW)	インプラント	≧500 μm	門村ら (2009) [30]
クエ	HCG (500 IU/kg BW)	注射	—	
クエ	HCG (600 IU/kg BW)	注射	≧450 μm	辻ら (2011) [27]
ヤイトハタ	1回目：GnRHa (50 μg/kg BW), 2回目：GnRHa (50 μg/kg BW) および HCG (600 IU/kg BW)	注射	—	狩俣ら (2008) [31]
タマカイ	HCG (600 IU/kg BW)	注射	—	木村ら (2013) [32]
マダラハタ	HCG (200-500 MU/kg BW)	注射	—	多和田 (1989) [33]
マダラハタ	1回目：HCG (2500 IU/kg BW), 2回目：HCG (700 IU/kg BW)	注射	—	Tamaru *et al.* (1996) [34]
マダラハタ	1回目：HCG (700 IU/kg BW), 2回目：HCG (1400 IU/kg BW)	注射	—	
ナミハタ	HCG (500 IU/kg BW)	注射	—	山本ら (1993) [35]
スジアラ	HCG (500-1000 IU/kg BW)	注射	—（自然産卵停止時）	照屋ら (1992) [36]
White grouper	GnRHa (10 μg/kg BW) を2回 GnRHa (25 μg/kg BW もしくは 75 μg/kg BW)	インプラント	400-500 μm	Hassin *et al.* (1997) [37]
Dusky grouper	GnRHa (30.5-68.3 μg/kg BW)	インプラント	>325 μm	Marino *et al.* (2003) [38]
Nassau grouper	1回目：HCG (1000 IU/kg BW), 2回目：HCG (500 IU/kg BW)	注射	≧450 μm	Watanabe *et al.* (1995) [39]
	1回目：GnRHa (50-100 μg/kg BW), 2回目：GnRHa (100-200 μg/kg BW)	注射		
Leopard grouper	1回目：HCG (500 IU/kg BW), 2回目：GnRHa (10-100 μg/kg BW)	注射		
	1回目：GnRHa (50 μg/kg BW), 2回目：HCG (500 IU/kg BW)	注射		
	1回目：CPH (10 mg/kg BW), 2回目：GnRHa (100 μg/kg BW)	注射		
	1回目：HCG (1000 IU/kg BW), 2回目：HCG (500 IU/kg BW)	注射	—	Kiewek-Martinez *et al.* (2010) [40]
	1回目：GnRHa (5 μg/kg BW), 2回目：GnRHa (10 μg/kg BW)	注射	>354 μm	
	1回目：GnRHa (50 μg/kg BW), 2回目：GnRHa (100 μg/kg BW)	注射		

HCG: Human chorionic gonadotropin, GnRHa: Gonadotropin-releasing hormone analog, BW: Body weight

性の生殖腺刺激ホルモンの影響を受けている可能性が高く,そのために排卵までの時間が短いのではないかと推測される.これについては詳細な検討が必要であるが,排卵時間を同調させるためには,ホルモン投与を行う個体の卵母細胞径を限定することが必要だと思われる.

ハタ科魚類の種苗生産に用いられるホルモンは,主にHCGとGnRHaである(表9・1).その投与濃度は魚種によって多少の違いはあるものの,HCG投与では体重1kg当たり500〜1000 IU,GnRHa投与では体重1kg当たり50μg程度である.一般にはHCGがGnRHaに比べ安価であることから,こちらのホルモンを用いることが多い.しかし,HCGは連続投与や反復投与により,その効果が低下することがある.HCGはヒト由来のホルモンであり,魚類にとっては異物として認識されることから,これを排除するための抗体が作成される[41].そのため,投与回数が増すほどに,この免疫反応によりホルモンの効果が失われるのである.親魚の確保が難しいハタ科魚類では,同一親魚を複数年にわたり繰り返し使用しなければならないが,HCGの複数回投与による弊害が懸念されている.そこで,現在,魚類には魚類のホルモンを投与するための研究が進められている[42-44].対象とする魚類の生殖腺刺激ホルモン遺伝子の配列を解析し,遺伝子工学の技術を用いて他生物の細胞にホルモンを作らせようという試みである.現在,ウナギなどでその研究は進んでおり,遺伝子をほ乳動物の細胞などに組み込みホルモンを大量に作製する技術が開発されつつある.ハタ科魚類ではまだ作製例はないが,すでに多くのハタ科魚類で生殖腺刺激ホルモンの遺伝子解析は完了しており[45],今後,種苗生産の対象種ごとのホルモンの作成が期待される.

§3. 高付加価値種苗の生産技術〜早期採卵・周年採卵・若齢産卵〜

近年,様々な魚種において本来の産卵期よりも早い時期に種苗を生産し,これを用いた養殖が進められている.ブリでは未だに養殖種苗として天然稚魚(モジャコ)を用いているが,これを人工種苗に置きかえる計画が進められている[*4].ブリの主産卵場である薩南海域では2〜3月に産卵が行われるが,九州沿岸域における人工種苗の通常採卵時期は4〜5月であることから,通常期の採卵で

[*4] 農林水産技術会議委託プロジェクト「天然資源に依存しない持続的な養殖生産技術の開発」

得られた人工種苗は天然個体より小型となる．このように小型であることに加え，単価が高い人工種苗は商品価値が低いことから，天然種苗よりも大型の人工種苗を生産し，その後の成長に差が出るような付加価値のある種苗が望まれている．そのために，通常の産卵期である 4 〜 5 月より半年ほど早い 11 〜 12 月の採卵が試みられている[6]．このような早期種苗の生産は，周年にわたり出荷サイズの個体を維持することのできる手段としても注目されている．

　わが国で用いられているハタ科魚類の種苗は，養殖用・放流用ともに人工生産されており天然種苗を用いてはいない．そのためブリ類のように天然種苗に勝る人工種苗の生産が求められているわけではない．むしろ水温上昇とともに摂餌が活発化し高成長が望まれる時期に先立って種苗を確保することが重要である．ハタ科魚類における早期採卵は，成長を早めることによって早期に出荷させることに加えて，夏場のウイルス性疾病（VNN）の発症時期に，被害を軽減させることのできる大型の個体を確保することを目的とする．現在マハタでは，水温と日長操作によって秋季採卵に成功している[26]（6 章参照）．これらの技術は，成熟の開始およびその進行が水温と日長といった環境要因によって制御されていることを利用したものである．外部環境の情報は脳に集約され，視床下部〜脳下垂体〜生殖腺系を通して生殖腺の発達を制御する[9]．したがって，魚類の早期採卵は，成熟開始から産卵までに必要な環境を人為的に再現すればどのような魚種でも可能である．成熟を誘導する環境要因は魚種によって異なっており，春から初夏産卵魚では日長の長日化と水温上昇が，また，秋産卵魚では日長の短日化と水温の低下が主要因となる[46]．しかし日長と水温のいずれが主要因となるかは魚種によって異なる．ブリ類では，冬至を境に日長が短日化から長日化に転ずることが成熟の開始を促す要因であり，その後の長日化の進行と水温上昇，あるいは適水温域への移行が成熟の促進と産卵に重要であることがわかりつつある．ハタ科魚類でも長日化と適水温を維持することが成熟の進行には重要である．適水温を下回っても，またそれを超えても成熟は抑制される．早期あるいは周年採卵によって良質の受精卵を得るためには，成熟誘導に必要な正しい環境を理解し，それにもとづいた環境操作技術を確立することが必要となる．ところが，魚種において，水温と日長の影響を生理学的に詳しく調べた例は意外と少なく，これまでに成功している環境調節による成熟誘導も経験に

よるところが大きい．今後，科学的根拠にもとづいた早期あるいは周年採卵の技術の確立を目指すべきである．

　早期あるいは周年採卵のための環境操作とは，これまでに述べてきたように水温と日長を調整することである．日長の調節は水槽を遮光し照明の点灯消灯によって調整すればよいことから，比較的簡単であり低コストですむ．ところが夏場に水温を低く維持し，冬場にそれを高く維持するためには，設備投資とランニングコストとして相当の経費を必要とする．経費はそのまま種苗の価格に上乗せされることから，生産はしたものの引き取り手のない種苗となりかねない．そこで，水温と日長のどちらが主要な要因であるか，また，正常な成熟と種苗生産が可能な水温の閾値はどの程度か，などコスト削減のための情報収集も必要不可欠である．このような対象生物の生理状態を正常に維持できる環境情報を収集することにより，よりよい早期種苗の生産が可能となろう．

§4. 今後の展望

　ハタ科魚類はわが国の養殖業・沿岸漁業を支える重要魚種であるとともに，国際戦略魚として注目されている．本科魚類を持続的に利用するために，今後取り組まなければならない課題として，乱獲・混獲などを防止し天然資源を維持管理することと，安定した資源供給のシステムを作ることである．安定した資源供給システムとは「家魚化」である．そのために，種苗生産を完全コントロールする技術，低コストで高成長を促す技術，養殖に適したあるいは消費ニーズに応えた選抜育種技術の発展が必要である．また，家魚化では環境保全型の養殖が求められる．現在研究が進みつつある閉鎖循環式陸上養殖による本科魚種の生産も今後必要となろう．

　ハタ科魚類の生態的・生理的情報は十分に得られていない．資源管理においても，増養殖技術の開発においても，対象生物の生理生態的知見の収集は必要不可欠である．ハタ科魚類の水産業の発展に結びつく基礎情報の収集に，大学・国・地方自治体・民間の研究機関と水産の現場とが連携して取り組むことが重要である．

文　献

1) Yoshizaki G, Fujinuma K, Iwasaki Y, Okutsu T, Shikina S, Yazawa R, Takeuchi Y. Spermatogonial transplantation in fish: A novel method for the preservation of genetic resources. *Comp. Biochem. Physiol. Part D.* 2011; 6: 55-65.
2) Yoshizaki G, Okutsu T, Moita T, Terasawa M, Yazawa R, Takeuchi Y. Biological characteristics of fish germ cells and their application to developmental biotechnology. *Reprod. Dom. Anim.* 2012; suppl. 4: 187-192
3) 浜田和久, 虫明敬一. 日長および水温条件の制御によるブリの12月採卵. 日水誌 2006; 72: 186-192.
4) 山下　洋. 放流技術と生態.「水産学シリーズ112 ヒラメの生物学と資源培養」(南卓志, 田中　克編) 恒星社厚生閣. 1997; 22-30.
5) 本藤　靖, 齊藤貴行, 服部圭太. 放流したクエ人工種苗の被食と保護について. 栽培漁業センター技報 2006; 5, 52-57.
6) 本藤　靖, 浜田和久, 中川雅弘, 服部圭太, 羽野克典, 中村亮一, 中園信明. 築磯におけるクエ放流1歳魚の滞留状況. 栽培漁業センター技報 2008; 7, 63-67.
7) 土橋靖史, 田中秀樹, 黒宮香美, 柏木正章, 吉岡　基. マハタ雄性化のためのホルモン投与法の検討. 水産増殖 2003; 51: 107-116.
8) Alam MA, Bahandari RK, Kobayashi Y, Soyano K, Nakamura M. Induction of sex change within two full moons during breeding season and spawning in grouper. *Aquaculture* 2006; 255: 532-535.
9) 小林牧久・足立伸次. 生殖.「魚類生理学の基礎」(会田勝美編) 恒星社厚生閣. 2002; 155-184.
10) 奥澤公一. 魚類の初回成熟. 水研センター研報 2006; 別冊 4: 75-85.
11) pubertal development phases in female longtooth grouper, *Epinephelus bruneus* via classification of bodyweight. *Dev. Reprod.* 2013; 17: 55-62.
12) 松山倫也. 魚類の生殖周期の内分泌制御機構. 水産海洋研究 2010; 74: 66-83.
13) 松原孝博. 卵黄形成機構と卵黄の関係. 月刊海洋 2000; 32: 107-112.
14) 松原孝博, 大久保信幸, 澤口小有美, 玄浩一郎. 魚類における卵黄の蓄積・分解・利用機構の解明. 水研センター報告 2008; 26: 91-97.
15) Hwang P, Wu S, Lin J, Wu L. Cortisol content of eggs and larvae of teleost. *Gen. Comp. Endocrinol.* 1992; 86: 189-196.
16) Tagawa M, Tanaka M, Matsumoto S, Hirano T. Thyroid hormones in eggs of various freshwater, marine and diadromous teleosts and their changes during egg development. *Fish Physiol. Biochem.* 1990; 8: 515-520.
17) Watanabe T, Kiron V. Red sea bream (*Pagrus major*). In: Bromage NR, Roberts RJ (eds). *Broodstock Management and Egg and Larval Quality.* Oxford, Blackwell Scinece. 1995; 398-413.
18) Watanabe T, Fujimura T, Lee MJ, Fukusho K, Satoh S, Takeuch T. Effect of polar and nonpolar lipids from krill on quality of eggs of red seabream *Pagrus major. Nippon Suisan Gakkaishi* 1991; 57: 695-698.
19) 古板博文, 田中秀樹. 卵質に及ぼす親魚の栄養状態の影響. 健苗育成技術開発研究成果. 1997: 47-63.
20) Soyano K, Sakakura Y, Hagiwara A. Reproduction and larviculture of seven-band grouper, *Epinephelus septemfasciatus*, in Japan. In: Liao IC, Leano EM (eds). *The Aquaculture of Groupers.* Asian Fisheries Society, World Aquaculture Society, The Fisheries Society of Taiwan, and National Taiwan Ocean University, 2008; 1-7.
21) 中田　久, 松山倫也, 原　洋一, 矢田武義, 松浦修平. トラフグの人工授精における

排卵後経過時間と受精率の関係. 日水誌 1998; 64: 993-998.
22) Koya Y, Matsubara T, Nakagawa T. Efficient artificial fertilization method based on the ovulation cycle in barfin flounder *Verasper moseri*. *Fish. Sci.* 1994; 60: 537-540.
23) 中田 久, 中尾貴尋, 荒川敏久, 松山倫也. ブリの人工授精における排卵後経過時間と受精率の関係. 日水誌 2001; 67: 874-880.
24) Okumura S, Okamoto K, Oomori R, Nakazono A. Spawning behavior and artificial fertilization in captive reared spotted grouper, *Epinephelus akaara*. *Aquaculture* 2002; 206: 165-173.
25) Nanami A, Sato T, Ohta I. Preliminary observation of spawning behavior of white-streaked grouper *Epinephelus ongus* in an Onkinawa coral reef. *Ichthyol, Res.* 2013; 60: 380-385.
26) 土橋靖史, 高鳥暢子, 栗山 功, 羽生和宏, 辻 将治, 津本欣吾. 水温および日長調整によるマハタの9月採卵. 水産増殖 2007; 55: 395-402.
27) 辻 将治, 宮本敦史, 羽生和宏, 土橋靖史. マハタ, クエの種苗生産・養殖高度化技術開発事業 種苗生産の高度化に関する研究. 平成22年度三重県水産研究所事業報告, 三重県水産研究所. 2011; 98-101.
28) Ni Lar Shein, Chuda H, Arakawa T, Mizuno K, Soyano K. Ovarian development and oocyte maturation in cultured sevenband grouper *Epinephelus septemfasciatus*. *Fish. Sci.* 2004; 70: 360-365.
29) 今泉 均, 堀田卓朗, 太田博巳. クエの精子凍結保存方法と凍結精子を用いた人工受精. 水産増殖 2005; 53: 405-411.
30) 門村和志, 築山陽介, 浜崎将臣, 宮木廉夫. 1. 新魚種種苗生産技術開発研究. 平成20年度長崎県総合水産試験場事業報告, 長崎県総合水産試験場. 2009; 64-66.
31) 狩俣洋文, 木村基文, 中村 將. 生殖腺刺激ホルモン放出ホルモン (GnRHa) による早期産卵の誘導. 平成19年度沖縄県水産海洋研究センター事業報告書, 沖縄県水産海洋技術センター. 2008; 126-128.
32) 木村基文, 岸本和雄, 山内 岬. 大型ハタ類の採卵・種苗生産技術開発 ヤイトハタ種苗生産事業. 平成24年度沖縄県水産海洋研究センター事業報告書, 沖縄県水産海洋技術センター. 2013; 30.
33) 多和田真周. マダラハタ養成親魚の産卵. 水産増殖 1989; 37: 105-108.
34) Tamaru CS, Carlstrom-Trick C. Induced final maturation and spawning of the marbled grouper *Epinephelus microdon* captured from spawning aggregations in the republic of Palau, Micronesia. *J. World Aquacult. Soc.* 1996; 27: 363-372.
35) 山本隆司, 呉屋秀夫, 仲本光男. 海産魚類養殖試験. 平成3年度沖縄県水産海洋研究センター事業報告書, 沖縄県水産海洋技術センター. 1993; 155-159.
36) 照屋和久, 升間主計, 本藤 靖. 水槽内でのスジアラの産卵および産卵行動. 栽培技術研究報告 1992; 21: 15-20.
37) Hassin S, De Monbrison D, Hanin Y, Elizur A, Zohar Y, Popper DM. Domestication of the white grouper, *Epinephelus aeneus* 1. Growth and reproduction. *Aquaculture*. 1997; 156: 305-316.
38) Marino G, Panini E, Longobardi A, Mandich A, Finoia MG, Zohar Y, Mylonas CC. Induction of ovulation in captive-reared dusky grouper, *Epinephelus marginatus* (Lowe, 1834), with a sustained-release GnRHa implant. *Aquaculture* 2003; 219: 841-858.
39) Watanabe WO, Ellis SC, Ellis EP, Head WD, Kelley CD, Moriwake A, Lee CS, Biefang PK. Progress in controlled breeding of Nassau grouper (*Epinephelus striatus*) broodstock by hormone induction. *Aquaculture* 1995; 138: 205-219.
40) Kiewek-Martinez M, Gracia-Lopez V,

Carrillo-Estevez M. Comparison of the effects of HCG and LHRHa on the induction of ovulation of wild and captive leopard grouper, *Mycteroperca rosacea. J. World Aquacult. Soc.* 2010; 41: 733-745.

41) Zohar Y, Mylonas CC. Endocrine manipulations of spawning in cultured fish: from hormones to genes. *Aquaculture* 2001; 197: 99-136.

42) Kaseto Y, Kohara M, Miura T, Miura C, Yamaguchi S, Trant JM, Adachi S, Yamauchi K. Japanese eel follicle-stimulating hormone (Fsh) and luteinizing hormone (Lh): Production of biologically active recombinant Fsh and Lh by Drosophila S2 cells and their differential actions on the reproductive biology. *Biol. Reprod.* 2008; 79: 938-946.

43) 小林牧人.水産増養殖への応用-遺伝子工学的手法による生殖関連ホルモン合成-. 日水誌 2009; 75: 870-871.

44) Kobayashi M, Hayakawa Y, Park W, Banba A, Yoshizaki G, Kumamaru K, Kagawa H, Kaki H, Nagaya H, Sohn YC. Production of recombinant Japanese eel gonadotropins by baculovirus in silkworm larvae. *Gen. Comp. Endocrinol.* 2010; 167: 379-386.

45) Li CJ, Zhou L, Wang Y, Hong YH, Gui JF. Molecular and expression characterization of three gonadotropin subunits common α FSH β and LHβ in groupers. *Mor. Cell. Endocrinol.* 2005; 233: 33-46

46) 清水昭男.環境条件による魚類生殖周期の制御機構.水産海洋研究 2010; 74: 58-65.

10章 海外展開を視野に入れた戦略的生産
～これからのハタ科魚類養殖と資源管理に必要なこと～

照屋和久[*1]・阪倉良孝[*2]

§1. わが国の増養殖におけるハタ科魚類の位置付け

日本の漁業と養殖業の生産量は1984年の1282万tをピークに減少を続けており，2011年の東日本大震災の被害により生産量はこれまでで最も少ない477万tにまで減少している[1]．わが国の漁業生産に占める養殖生産量の割合は1984年で9.7％，そのうち魚類養殖の占める生産量の割合は17％であったが[2]，2011年には漁業生産に占める養殖業の生産量の割合は18.5％，そのうち魚類養殖の占める割合は26.7％と[3]，天然資源に依存する漁業生産が減少する一方で安定生産・安定供給が可能な養殖業の割合が高くなっている．それと同時に魚類養殖の生産割合も高くなっている．1984年代の魚類養殖で最も多かったのがブリ Seriola quinqueradiata（ハマチ）養殖であり，魚類19万t中15万tと全体の79％を占めていた．しかし，そのころからブリの過剰生産や魚価の低迷によって，マダイ Pagrus major やヒラメ Paralichthys olivaceus への転換が進み，2013年にはブリ14.6万t（62.9％），マダイ6.1万t（25.9％），フグ類 Takifugu spp. 3700 t（1.6％），ヒラメ3500 t（1.5％），その他の魚類1.8万t（7.7％）となっている[3]．これらの上位4種で魚類養殖の92％を占めるに至っている．その他の魚類には市場価値の高いシマアジ Pseudocaranx dentex，カンパチ Seriola dumerili，クロマグロ Thunnus orientalis が含まれており，近年魚類養殖の多様化が進んでいる．そのようななか，ウナギ Anguilla japonica，ブリ，カンパチ，クロマグロなど，これまで天然種苗に依存してきた養殖業に対し，天然種苗に頼らない人工種苗を用いた新たな養殖技術が求められている．

1954年には小割養殖方式が開発され本格的にハマチ養殖が始まり，1経営体で約100 tの生産量があった[4]．1971年までは養殖魚の生産量の98％をブリが

[*1] 水産総合研究センター西海区水産研究所亜熱帯研究センター
[*2] 長崎大学大学院水産・環境科学総合研究科

占めていたが[5]，それ以降徐々にマダイやマアジ Trachurus japonicus，ヒラメ，トラフグ Takifugu rubripes といった市場価値の高い魚類養殖が盛んに行われ，1964年以降シオミズツボワムシの大量培養[6]や海産魚類の必須脂肪酸の発見[7]とその栄養強化法の開発などによって種苗生産技術が向上し，ブリ，マアジ，ヒラメ，クロソイ Sebastes schlegeli，およびニシン Clupea pallasii などの多様な魚類の増養殖が実施されるようになった．1965年以降，より市場価値の高い魚種を対象とする増養殖の研究が行われるようになり，近畿大学では1970年代よりクロマグロの養殖にも着手した．

ハタ科魚類についてみてみると，日本栽培漁業協会（日栽協：現　水産総合研究センター）では1967年からキジハタ Epinephelus akaara，1986年からクエ E. bruneus，および1988年からはスジアラ Plectropomus leopardus，マダラハタ E. polyphekadion，2002年からはマハタ E. septemfasciatus の種苗生産技術開発に取り組みはじめた．この流れを受け，沖縄県ではヤイトハタ E. malabaricus，東京都ではアカハタ E. fasciatus，マハタモドキ E. octofasciatus，ツチホゼリ E. cyanopodus，静岡県，和歌山県，三重県，愛媛県，長崎県ではクエ，三重県，愛媛県，および大分県ではマハタ，さらに大阪府，岡山県，香川県，および愛媛県ではキジハタを対象に1都1府12県の研究機関が増養殖にかかわる種苗生産技術開発に取り組みはじめた[8-21]．このように近年，日本国内において市場価値の高いハタ科魚類の増養殖技術開発が進められており，水産増養殖種として重要視されている．

§2. 世界のハタ科魚類漁獲量と養殖生産量

世界のハタ科魚類の漁獲量・養殖生産量をみると，漁獲量は1950年代から2011年までほぼ直線的に増加している（図10・1）．養殖生産量も2000年を境に急激な増加を示しており，2000年は1.5万tであったが，2011年には9.5万tにまで増加している．ハタ科魚類は美味で資源量も少ないことから世界的に珍重されていることが伺える．現在，東南アジア，とくに経済発展が著しく，ハタ科魚類を珍重する中国では，その需要が非常に高い．種類によって異なるが，中国ではハタ科魚類は1 kg当たり2000円前後から8000円前後で取引されており，市場価値の高いスジアラに至ってはホテルなどの末端価格が1 kg当たり

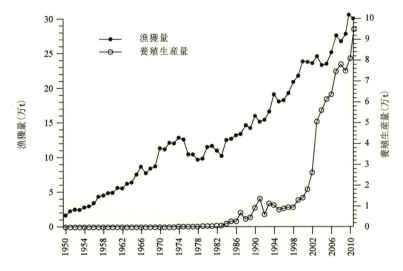

図10・1 世界のハタ科魚類漁獲量と養殖生産量（FAOの統計資料より作成）

10000円以上で調理され提供されている．そのため，近年の中国ではハタ類の消費の伸びと同時に自国での養殖も盛んになり，アオハタ E. awoara, アカマダラハタ E. fuscoguttatus, タマカイ E. lanceolatus, スジアラ，およびキジハタなどが養殖されている．台湾，インドネシア，マレーシア，タイ，およびフィリピンなどの養殖主要国のハタ科魚類養殖量が低迷するなか，中国では2003年の統計開始以来右肩上がりで生産量は増え，当初24000tであったものが，8年後の2011年には2.4倍の約60000tにまで生産量を伸ばしている（図10・2）．このように中国は世界のハタ類の最大の消費国でもあり，最大のハタ科魚類養殖生産国となっている．

§3. 天然魚，天然種苗依存からの脱却の必要性

世界のハタ科魚類の漁獲と養殖のほとんどは，天然魚と天然種苗にそれぞれ依存している．ハタ科魚類の一部は産卵期に繁殖のために月齢周期に従って特定の場所へ蝟集するという独特の産卵生態をもっている（図10・3）．石垣島の漁業者からの聞き取り調査によると，スジアラ属のオオアオノメアラ P. areolatus は産卵期に産卵場へ蝟集する習性があり，容易に漁獲することができ

10章 海外展開を視野に入れた戦略的生産　143

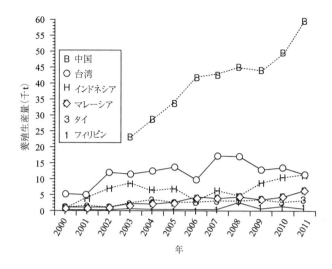

図10・2　ハタ科魚類養殖主要生産国の年生産量の推移（FAO の統計資料より作成）

図10・3　年に1～2回産卵場所に集まるナミハタ産卵群（亜熱帯研究センター名波敦主任研究員提供）

たため，1980年ごろはトラックに山積みにできるほど水揚げをしていたとのことである．しかし，2000年前後以降，オオアオノメアラの漁獲はほとんどなくなり，漁師に"幻の魚"といわしめるほど激減した魚種である．その大きな原因が乱獲にあることに異論を挟む余地はない．また，フィリピンではシアン化合物をサンゴ礁にまくことによって魚を麻痺させ，とくに養殖用のハタ科魚類を捕獲していた[22]．このような不合理な漁獲や破壊的な漁獲は資源を枯渇させるだけでなく，主な生息場所であるサンゴ礁の生態系を乱すものであり，早急に対策を講じなければならない．今後も伸び続けるハタ科魚類の養殖生産を天然種苗から一刻も早く脱却し，人工種苗へ置きかえることは世界的な急務であるといえる．

　このような状況で世界的にハタ科魚類の資源管理が行われている例は残念ながら少ない．例えば，オーストラリアのグレートバリアーリーフでは，月齢に従って特定の場所に蝟集し産卵するハタ科魚類に対し，禁漁期を設けて資源管理を行っている[23]．わが国の場合，沖縄近海に生息するスジアラ[24]，マダラハタ[25]およびナミハタ E. ongus [26]もまた月齢に従い産卵するため，昔から沖縄県の石垣島では，この産卵のために蝟集するハタ科魚類を対象とした釣りや矛突き漁が行われていた．しかし，この時期のハタ科魚類の漁獲量は大きいことから，資源と再生産への影響が強く懸念されている．そのようななか，ナミハタについては2010年から産卵日を特定し，産卵日の前後を漁師ら自らが禁漁期間とし，産卵親魚の保護を行っている[27]．このような取り組みは天然資源の持続的利用および生態系の保全，および観光資源を守るというという観点からもきわめて重要である．ハタ科魚類の種苗生産技術は一部を除いて確立されているわけではないが，養殖用の種苗を一刻も早く人工種苗へと切り替えを推進し，わが国のみならず天然魚に依存している海外でも，天然資源の保護と合理的な利用を目指した取り組みが今後展開することを強く願うものである．

§4．ハタ科魚類の増養殖戦略

　ハタ科魚類はわが国においても市場価値の高い増養殖対象種であり，多くの種類が研究対象となっている．日本の場合，ハタ科魚類は，成長や体色によって増殖（放流）適種と養殖適種に分けることができる．日本国内におけるクエ

とマハタの出荷サイズは1.5～2 kg前後といわれている．このサイズに達するのに要する生後年数はクエで3～4年[28]，マハタでは2～3年[28]，スジアラは3～4年[29]，キジハタでは4年以上とされている[30]．また，大型種であるヤイトハタの場合は1年3ヶ月で0.46～1.1 kgに達する[31]のに対し，小型のアカハタは2年でも体重が261 g[32]程度にまでしか成長しない．このように，同じハタ科魚類でも種によって成長速度にばらつきが大きく，大型種では出荷サイズまでの成長が早く，小型種ほど遅い傾向にある．養殖業の経営者によると，コスト面および施設のローテーション面からすると2～3年が適正な養成年数であり，これ以上の年数は養成コストが経営を圧迫するという．このことを加味して考えると，大型のマハタやヤイトハタは養殖に適した種で，小型のキジハタやアカハタ，中型のスジアラは種苗放流による増殖に適した種として扱うことができる．ただし，クエの場合は出荷サイズに達するのに3～4年を要するが，日本のハタ科魚類のなかでは最も高値で取引されるため，養成期間が3年以上でも利益が出る可能性があり，養殖対象種としても有望である．すでに近畿大学ではクエを種苗生産から養殖，加工，販売まで行っている[*3]．

一方，海外，とくに中国に目を向けると，ハタ科魚類の市場価値は体色で大きく異なる．中国で高貴な色とされている黄色系統や赤色系統の体色をもつ種の市場価値が高い．ただし，中国で最も高価な値段で取引されている白黒の水玉模様のサラサハタは例外となる．日本では，クエは幻の高級魚としてマハタと区別して非常に高値で取引されるが，中国では濃い茶色系のハタ科魚類，すなわちクエ，マハタ，ヤイトハタなどは一括りに「黒いハタ」として取引されるため，ハタ類としては安い値段で取引されている．一方，高値で取引される黄色系統や赤色系統のハタ科魚類とは成長速度の遅いキジハタやスジアラであり，この2種については国内向けの養殖種としては不適だが，中国や華僑が多く在住する国への輸出品としては今後大いに注目されると思われる．したがって国内向けの養殖種としてはクエが今後最も有望であり，国外向けはキジハタやスジアラが有望であると考える．

[*3] 中井彰治，那須敏郎．近畿大学によるクエの養殖．特集ハタ類養殖の伸びしろ Part 1．アクアネット 2012; 2: 32-37.

§5. 海上養殖か，陸上養殖か

一般的な魚類養殖は化繊や金網を用いた海上小割養殖である．海上小割養殖のメリットはコストをかけずに大量の魚を飼育することが可能であることと，飼育水の悪化を考えずに十分な餌を与えることで短い時間で商品サイズに肥育できることにある．一方，デメリットとしては，網かえや出荷時の取り揚げに多大な労力が必要なこと，食べ残した餌が海底に堆積して周辺の環境を悪化させること，さらに，それが赤潮や疾病の原因になることでときには甚大な損害を被ることなどが挙げられる[*4]．一般に陸上養殖というとヒラメやトラフグで行われている飼育水の掛け流しの養殖である．しかし，掛け流し養殖では飼育水の排水を直接海へ放出するために，海域の環境負荷が大きく地先の水域の環境を損ねる可能性がある．そこで近年，閉鎖循環式陸上養殖が注目されている．閉鎖循環飼育装置を用いた陸上養殖の場合，その最大のメリットは飼育水を生物ろ過や泡沫分離装置を用い，有機物や脱窒素槽によって窒素元を除去し，その飼育水を水槽へ循環させることで排水をほとんど出さないところにある（図10・4）．また，水槽かえを頻繁に行わずにすむことや取り揚げ時に多くの労力を伴わないこと，台風や悪天候時においても容易に飼育作業を行うことができること，ろ過装置，殺菌装置を用いることによって疾病の発生を抑えることができ，水産用医薬品を使用しなくても良いところにある．さらに加温することが可能

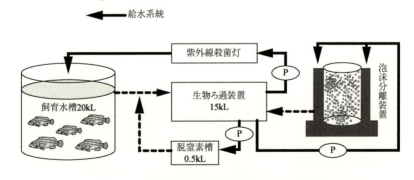

図10・4　一般的な閉鎖循環式陸上養殖システムの概略図

[*4] 馬場　治．養殖業のあり方検討会とりまとめ．養殖業のあり方検討会．水産庁．2013．

であることから冬場の水温低下時の摂餌不良による成長停滞がなく，出荷までの時間が短縮されるところにもメリットがある．ただし，陸上での養殖では酸素欠乏症（酸欠）や給餌による水質悪化による死亡を防ぐために飼育密度を海上小割養殖に比べ低く抑えなければならず，単位水量当たりの収穫量が少なくなるデメリットがある．また，最大のデメリットはろ過装置への海水の供給，および飼育水槽への飼育水の供給に用いるポンプや殺菌装置にかかる電気代によって，海上小割養殖に比べ生産コストが高くなることである．さらに停電時にポンプや送気設備のトラブルによって，酸欠や水質悪化を生じ養殖魚が死亡し，甚大な被害が生ずる可能性がある[*5]．これらのデメリットは今後，閉鎖循環式養殖システムを広く活用するためには避けて通ることのできない，解決しなければならない課題である．このように現状ではコストが嵩むために閉鎖循環式陸上養殖システムを導入しているところはきわめて少ない．しかしながら現在，養殖業に求められているのは生産物の安全・安心の確保と環境に優しい生産体制を構築することである．前者は生産工程の管理手法やトレイサビリティーの導入・普及を行うことによって消費者の"安全"を確保するとともに，メディアを通じた生産工程に関する情報提供によって消費者の"安心"を確保することである．後者は魚類への給餌によって生ずる残餌や排泄物による環境負荷，それが原因で起こる漁場環境の悪化とそれに伴う赤潮の発生などを抑えることのできる養殖体制を作り上げることである[*6]．世界の流れからも養殖産業界は"食の安心・安全"と"環境に優しい"をテーマに活動をしていかなければならない．そこで水産医薬を用いず，環境負荷の少ない閉鎖循環式陸上養殖システムの導入は必然的な流れとして今後大きく伸びることが予想される．しかし，今後の研究の進展によってシステム全体にかかる費用が軽減できたとしても，すべての魚種でこのシステムが活用できるとは考えにくい．閉鎖循環式陸上養殖システムを活用することのできる魚種は生態的な特徴から生簀網では擦れなどによって生残がきわめて悪い魚種や，市場価値がとくに高い高級な魚種に限られると思われる．現在，ヒラメは砂に潜る習性があり網に擦れやすいため，海上小割養殖には不適であり，トラフグについては市場価値が高く高級魚であるた

[*5] 陸上養殖について．資料3．水産庁．2013．
[*6] 馬場 治．養殖業のあり方検討会とりまとめ．養殖業のあり方検討会．水産庁．2013．

め海上小割養殖よりメリットが上回ることで成り立っている．そこで，ハタ科魚類に目を向けると，一般にハタ科魚類は海底の岩場の穴などを好み生息し，網擦れに弱く，資源量が少なく市場価値も高いことから陸上養殖に適した魚種といえよう．今後，ハタ科魚類は陸上養殖を中心とした養殖産業を支える新たな魚種であるといっても過言ではない．

§6. 付加価値の高い養殖魚を目指して～海外を視野に～

前述したようにキジハタやスジアラは中国や華僑が多く生活している国では市場価値の高い魚種である．値段も商品サイズ500 gで1 kg当たり5000円は下らない価格で取引されている．日本では商品サイズまでに3～4年と時間がかかりコスト面で採算がとれないことから，これら2魚種の養殖に向けた研究はほとんど行われていない．しかし，最近，キジハタで80％海水での閉鎖循環飼育試験において100％海水より1.4倍成長がよいという結果が得られており[*7]，3年未満で商品サイズの500 gに達する可能性がある．近年，種苗生産技術が向上し，安定した量産が可能となったキジハタは，今後，対中国や華僑が在住する地域をターゲットとした養殖が十分に可能であると考える．さらに，キジハタと肩を並べるくらい高価なスジアラは中国国内の高級なレストランでは20000円／kg以上の値段で提供されている．近年，武部らは，世界に先駆けスジアラの量産の安定化に成功した[33]．そのため，8章でも紹介されているが，今現在，スジアラ養殖にかかるコスト削減や付加価値を付与させる技術の開発に着手し，成長や付加価値を高めるための体色改善について成果を上げつつある．スジアラの体色に関しては価格を左右する重要なポイントであり，とくに紅色に近い体色は最も高価で取引される（口絵3）．しかし，このような体色を有する個体は多くない．したがって，今後，養殖したほとんどの個体を紅色に近い体色にするための飼育手法や育種によって付加価値の高い稚魚が生産できる親の作出技術の開発が必要である．加えて，人為的に作出された親の拡散防止を目的に，得られた稚魚の不妊化技術の開発も行う必要がある．これらの技術開発によって，養殖魚へさらなる付加価値を与えることも可能になり，ハタ類養殖が大きな産業へと発展していくだろうと考える．

[*7] 今井　正，森田哲男，山本義久．第8回シーフードショー大阪資料．2011．

§7. 今後の展望

　わが国のハタ科魚類養殖を展開するための戦略を立てるために最も重要なのは，魚種ごとの流通状況（統計）を正確に把握することである．§2 で紹介した FAO の統計資料を詳しく調べてみると，2011 年のハタ科魚類（grouper, sea trout）養殖生産量 9.5 万 t のうち，魚種が明確に示されているものは 9 種に過ぎず，そのうち最も生産量の多い種はヒトミハタ E. tauvina の 6641 t，ついでチャイロマルハタの 152 t であった．本書 II「ハタ科魚類の増養殖技術の最新情報」で紹介されているように，わが国ではすでに 100 万尾レベルの種苗を生産するポテンシャルをもっている．中国で高級魚と位置付けられているチャイロマルハタの 1 kg サイズを 15 万尾生産することは日本では十分可能であり，仮にこれが達成されると世界のチャイロマルハタの養殖量をすべて日本で賄うことができる，というにわかには信じがたい試算が成り立つ．FAO の公表しているハタ科魚類養殖生産量の 90 ％ 強にあたる 8.7 万 t は一括りにハタ類（*Epinephelus* spp.）と記述されており，その内訳は判然としない．このことは，そもそもハタ類と分類される魚種は 400 種を超える種数があり，各々の種の資源量がもともと少ないこと，さらに，日本でいうところの漁協レベルでの水揚げ量の積み上げが十分になされていないこと，などデータ収集にかかる困難な課題が多いことが原因であると思われる．残念ながら，日本でもハタ科魚類の魚種別の水揚げ量の統計を調べようとすると，漁協レベルが多く，よくても都道府県レベルにとどまってしまう．以下に，国内向けと国外向けのハタ科魚類の増養殖戦略について考察をするが，魚種ごとの水揚げ量・流通量と体サイズの精密な情報収集を国内外で実施しなければ，市場ニーズとのマッチングを図ることすらできない，という課題をまず挙げておきたい．

　国内に目を向けると，マダイ，ヒラメ，トラフグなどの生産金額が頭打ちのなかで国内のハタ科魚類に対する注目と需要は伸び続けるであろうと思われる．しかし，国内需要と市場規模を考えると，わが国だけに目を向けて「高級魚を大量生産する」という戦略を採るのは得策とはいえず，これまでの養殖対象種が直面した魚価の低迷を招くという負の循環の繰り返しになるに過ぎないだろう．したがって，国内向けには「高級魚を適切な量で安定供給する」ための種苗生産と養殖という戦略を立てる必要がある．同様に，ハタ科魚類の場合は増

殖と資源管理についても，他魚種とは異なる細かい管理の手立てを立てなければならない．1章にも詳述されているように，ハタ類は雌性先熟型の繁殖生態をとる種が多い．例えば，高級魚クエは5kgを超えて雄に性転換する．国内で流通しているクエの天然物は3kg前後のものが多いとされているが，この大きさの個体はすべて雌である．このことは，産卵親魚に対する選択漁獲が強くかかっていることをそのまま示すものである．また，クエの成長速度から推定すると3kgになるまでに5年以上，雄に性転換するまでには少なくとも7年はかかると考えられる．成長が遅く特異な繁殖生態をもつハタ類の資源量がもともと多くないことは理にかなっているともいえるが，このような魚種に対して前述のような漁獲圧がかかる現状では放流尾数を増大させるだけで資源量が回復することは望めない．

次に，国外市場に向けてわが国のハタ科魚類養殖技術とその流通戦略について考える．国外に目を向けた場合，とくに経済発展の著しい中華圏への輸出戦略は欠かすことはできない．フィリピンで養殖を行い，中国でハタ科魚類を販売している日本企業から聞き取った情報によると，中国で魚類は「活魚」での取引が通常であり，日本でいう「鮮魚」での取引はまずないという．日本から中国へ大量に輸出するには「鮮魚」での輸出が最も適しているが，冷蔵技術が十分に発達していない中国では，活け締めした「鮮魚」という概念が浸透しておらず，「鮮魚」は「死んだ魚」として評価され活魚の半分以下の値段で取引されている．しかし，現状では日本から中国へ「活魚」での大量輸出は困難であり，時間をかけて中華圏へ「鮮魚」という概念を浸透させる必要がある．一方，迅速な衛生証明書の発行が可能となれば沖縄県水産海洋研究センターが開発したヤイトハタの「水なし輸送」技術（ヤイトハタは水がなくても一定時間生きることに着目し，冷却海水で仮眠状態にした後，1箱に3～5匹を立てた状態で水なしで酸素梱包し輸送する技術．10時間の輸送なら100％の生残率である）[34]は有効な手段となりうるだろう．また中国では冷凍魚という流通手段も受け入れられていることから，これもまた大量に輸送できる重要な手段である．それ以上に，わが国で確立されつつある大量種苗生産技術について，親魚養成から種苗生産に至る一連の生産技法のみならず，飼育水槽や飼餌料に至るまでの全体をユニットとして販売するような対外戦略を構築することも考えていく必要

があるかもしれない．ハタ科魚類の養殖は国外ではすでに大きな産業となっている．国内外でハタ科魚類の需要が右肩上がりで伸びているなか，生産コストの削減や付加価値を付与する技術革新によって，さらに"安心"・"安全"な日本ブランドを全面に出すことによって，ハタ科魚類養殖は大きな産業へ発展する可能性を秘めている．

文　献

1) 水産白書．平成25年度版，第Ⅲ章，第2節，第1部．p108.
2) 昭和59年漁業・養殖業生産統計年報．農林水産省統計情報部．Ⅰ調査結果の概要．1985; 15-21.
3) 平成23年世界の漁獲量・養殖生産統計年報（併載：漁業生産額）．大臣官房統計部．Ⅰ調査結果の概要．2013; 35-46.
4) 昭和29年漁業・養殖業漁獲統計表（付水産加工統計）．農林水産省農林経済局統計調査部．養殖の部，Ⅰ浅海養殖業．1954; 250-252.
5) 昭和47年漁業・養殖業生産統計年報．農林水産省農林経済局統計情報部．第3部，海面養殖，Ⅰ全国統計．1974; 176.
6) 平田八郎．1964年から1967年における屋島湾産シオミズツボワムシ Brachionus plicatilis の生殖様式の変異性．近畿大学農学部紀要 2001; 34: 71-88.
7) 渡辺　武，大和史人，北島　力，藤田矢郎，米　康夫．シオミズツボワムシ Brachionus plicatilis の栄養価と ω3 高度不飽和脂肪酸．日水誌 1979; 45: 883-889.
8) Ⅳ小笠原水産センター事業報告．平成17年度東京都島しょ農林水産総合センター事業報告，東京都．2005; 77-83.
9) 佐竹顕一，砂子　剛．クエ親魚養成および種苗生産．平成18年度静岡県温水利用研究センター業務報告 2006; 50-58.
10) 辻　将治，栗山　功，西川久代，津本欣吾，岡田和宏，糟屋　亨．「三重のマハタ」高品質・早期安定種苗生産技術開発事業．平成18年度三重県科学技術振興センター水産研究部事業報告 2006; 124-126.
11) 睦谷一馬，辻村浩隆．②キジハタ，13. 栽培漁業技術開発事業．平成17年度大阪府立水産試験場事業報告 2005; 108-118.
12) 草加耕司，藤井義弘，増成伸文．キジハタ仔魚期の減耗軽減のための種苗生産試験．岡山県水産試験場報告，第20号．2005; 45-48.
13) 御堂岡あにせ，飯田悦左，西河内民雄．地付き魚の種苗生産技術開発研究（新規）．平成18年度広島県水産海洋技術センター事業報告 2006; pp. 13.
14) 南部智秀，山本健也，道中和彦，原川泰弘．キジハタの種苗生産・放流技術開発，資源増大技術開発事業．平成18年度山口県水産研究センター事業報告 2007.
15) 菊池博史，地下洋一郎，野坂克己．4キジハタ生産技術高度化事業．平成18年度香川県水産試験場事業報告 2007; 86-87.
16) 関谷真一，桧垣俊司．5キジハタ．平成17年度愛媛県栽培漁業センター業務報告書 2006; 18-23.
17) 加藤利弘，坂口秀雄，関　信一郎，藤田慶之，菅　金寿，弓立春樹．3キジハタ種苗生産．Ⅱ魚種別種苗生産概要，種苗生産放流事業．平成18年度愛媛県中予水産試験場事業報告 2007; 81-82.
18) 土内隼人，築山陽介．Ⅲ．マハタの種苗生産．種苗量産技術開発センター．平成18年度長崎県総合水産試験場事業報告 2006; 72-73.

19) 平澤敬一，東馬場　大，岡本久美子，尾上静正．1．マハタ．明日を拓く漁業創出のための技術開発事業．平成17年度大分県農林水産研究センター水産試験場事業報告 2005; 5-8.
20) 中野正明，高野瀬和治，外薗博人，野元聡，松原　中，清水則和．奄美群島水産業振興調査事業-III（スジアラ種苗生産技術開発）．平成14年度鹿児島県栽培漁業センター事業報告書 2002; 64-68.
21) 仲盛　淳，井上　顕，仲原英盛，村本世利朝．ヤイトハタの種苗生産．平成18年度沖縄県栽培漁業センター事業報告書 2006; 47-51.
22) 鹿熊信一郎．東南アジアにおけるサンゴ礁魚類の養殖，シアン化合物漁と活魚流通：香港での活魚流通とフィリピンでの簡易生簀養殖を例として．地域研究 2．沖縄大学．2006; 155-161.
23) Pears RJ, Choat JH, Mapstone BD, Begg GA. Reproductive biology of a large, aggregation-spawning serranid, *Epinephelus fuscoguttatus* (Forsskal): management implications. *J. Fish Biol.* 2007; 71: 795-817.
24) 山本和久，奥田兼三．飼育条件下におけるスジアラの産卵生態について．栽培漁業センター技報 2005; 4: 9-13.
25) Teruya K, Masuma S, Hondo Y, Hamasaki K. Spawning season, lunar-related spawning and mating systems in the camouflage grouper *Epinephelus polyphekadion* at Ishigaki Island, Japan. *Aquacult. Sci.* 2008; 56: 359-368.
26) 太田　格，名波　敦．ナミハタの産卵場での分布状況．平成20年度沖縄県水産海洋研究センター事業報告書 2009; 36-39.
27) Nanami A, Sato T, Ohta I, Akita Y, Suzuki N. Preliminary observetions of spawning behavior of white-streaked grouper (*Epinephelus ongus*) in an Okinawan colal reef. *Ichthyol Res.* 2013; 60: 380-385.
28) 松田正彦，宮原治郎．クエの海面養殖試験．平成18年度長崎県総合水産試験場事業報告 2006; 158-163.
29) 照屋和久．成体の確保と採卵．スジアラ．日本栽培漁業協会年報平成6年度 1994; 38-40.
30) 池田茂則，粕谷芳夫．複合型養殖技術開発事業（キジハタ）．平成15年度福井県水産試験場報告 2003; 92-97.
31) 濱本俊策，真鍋三郎，春日　公，野坂克己．ヤイトハタ *Epinephelus salmonoides*(Lacepede) の水槽内産卵と生活史．栽培技研 1986; 15: 143-155.
32) 川辺勝俊，加藤憲司，木村ジョンソン，斉藤　実，安藤和人，垣内喜美夫．小笠原諸島父島における養成アカハタの成長．水産増殖 1997; 45: 207-212.
33) 武部孝行，小橋真人，浅見公雄，佐藤　琢，平井慈恵，奥澤公一，阪倉良孝．スジアラ仔魚の沈降死とその防除方法を取り入れた種苗量産試験．水産技術 2011; 3 (2): 107-114.
34) 事例 VIII-2: ヤイトハタの「水なし輸送」技術．(8) 加工・流通対策．第2節水産業振興のための取組．第8章水産業の振興．平成22年度沖縄農林水産業の情勢報告，内閣府沖縄総合事務局農林水産部．2010; 159.

索　引

〈アルファベット〉
GnRH　*15, 83, 128*
GTH　*14, 128*
HCG　*12, 15, 83, 84, 131, 133, 134*
SAI　*86*
VNN　*66*
　──防除技術・防除対策　*71, 91*
　──ワクチン　*74*

〈あ行〉
アスペクト比　*29*
インプラント　*84*
ウイルス　*68*
　──性神経壊死症（VNN）　*65, 90, 116*
　──病　*66*
鰾　*51, 55*

〈か行〉
開口　*37*
海上養殖（海面養殖）　*92, 146*
開鰾　*23, 54, 57*
化学的コミュニケーション　*16*
可視化　*51*
（排卵後）過熟　*84*
カニュレーション　*85*
環境制御　*86*
感染症　*65*
感染防除技術　*70*
機能的開口　*38*
（ハタ科魚類の）漁獲量　*141*
棘条　*24, 26*
　──の伸長　*23*
漁場造成　*105*
空気飲み込み　*55*
形態異常　*47, 48, 53*
原因ウイルス　*66*
原虫症の防除方法　*116*
減耗　*31, 87*
　──要因　*103*

光周期　*43*
混獲　*106*
混入率　*97, 99*

〈さ行〉
鰓蓋欠損　*48*
最終成熟　*14*
再放流　*106*
採卵　*85*
産卵行動　*131*
産卵場　*142*
産卵生態　*142*
産卵誘発　*126*
資源管理　*144*
市場価値　*140, 144, 148*
自然産卵　*110*
至適飼育環境　*110*
自発摂餌システム　*92*
若齢産卵　*126, 134*
秋季採卵　*86*
周年採卵　*134*
収容密度　*115*
受精卵の質　*50*
受精率　*86, 130*
受動輸送　*24*
種苗生産　*9, 34*
　──技術　*110*
　──用親魚　*126*
種苗放流　*96*
症状　*68*
初回成熟　*10, 126, 128*
　──の開始　*127*
初回摂餌　*35, 37*
初期減耗　*34, 87, 88, 90*
人為的性転換誘導　*11*
親魚の確保　*126*
親魚養成　*82*
　──技術　*110*
人工授精　*83, 132*

人工種苗　134
診断手法　68
垂直感染　69
水平感染　69
生活史初期　21
生残率向上　81
成熟過程　82
成熟年齢　126
生殖腺刺激ホルモン（GTH）　14, 128
生殖腺刺激ホルモン放出ホルモン（GnRH）
　　　15, 83, 128
生殖腺発達　14
成長差　119
性転換　9, 11
　──誘導技術　12
摂餌不良　88
絶食　103, 104
背鰭陥没　48
前彎症　47, 48, 55, 58
早期採卵　134
早期種苗の生産　135
造波装置　29
増養殖対象種　144

〈た行〉
体密度　23
中期減耗　114
沈降死　30, 88, 111, 113
天然種苗　142
共食い　31, 89

〈な行〉
内部栄養　34
内分泌系　128
軟X線撮影　51, 56
南方系（ハタ科魚類）　16

〈は行〉
配偶子洗浄　72, 77
排卵誘導　83, 131
ハタ科魚類養殖技術　150
被食回避　26

ヒト絨毛性生殖腺刺激ホルモン（HCG）　83, 131
フェロモン　16
付加価値　125
孵化仔魚　36
不活化ワクチン　75, 77
孵化率　86
不合理漁獲　106
浮上死　27, 29
浮上卵率　86
浮遊　22
浮力　22
分散・生残機構　21
閉鎖循環式陸上養殖（システム）　92, 146
放流技術　105
放流魚　97
放流サイズ　104
放流場所　99
保護礁　105
捕食圧　102
捕食実態　101
捕食者　100
北方系（ハタ科魚類）　15
ホルモン　11, 131, 134
　──剤　83
　──処理　84
　──投与　132

〈ま・や行〉
無給餌生残指数（SAI）　86
遊泳力　25
雄性化　82, 84
有用水産食材　120
油膜形成　29
油膜除去　55, 56, 58
（ハタ科魚類の）養殖生産量　141
養殖対象種　145
養殖用種苗　109
養成魚　82

〈ら・わ行〉
卵黄形成　14
卵黄タンパク質　129

卵質　50, 128
卵成熟能　132
卵母細胞　132, 134
陸上養殖　92, 146
流通状況　149
流通戦略　150
ワクチン　74

本書の基礎となったシンポジウム

平成 26 年度日本水産学会春季大会シンポジウム
「ハタ科魚類の繁殖の生理生態と種苗生産」
企画責任者　征矢野　清（長大海セ）・照屋和久（水研セ西海水研）・中田　久（長崎水試）

趣旨説明　　　　　　　　　　　　　　　　　　征矢野　清（長大海セ）

I. ハタ科魚類の繁殖機構　　　　　　　　　座長　照屋和久（水研セ西海水研）
　1. 配偶子形成・性転換のメカニズム　　　　　　小林靖尚（岡山大臨海）
　2. 最終成熟・産卵のメカニズム　　　　　　　　泉田大介（長大院水環）
　3. 産卵関連行動　　　　　　　　　　　　　　　征矢野　清（長大海セ）
　4. 孵化仔魚の変態・遊泳・行動　　　　　　　　河端雄毅（長大海セ）

II. ハタ科魚類の種苗生産・養殖技術
　　　　　　　　　　　　　　　　　　　　　座長　中田　久（長崎水試）
　1. 人為催熟・採卵技術　　　　　　　　　　　　照屋和久（水研セ西海水研）
　2. 生残率の向上を目指した種苗生産技術　　　　阪倉良孝（長大院水環）
　3. 形態異常軽減技術　　　　　　　　　　　　　宇治　督（水研セ増養殖研）
　4. ウイルス対策技術　　　　　　　　　　　　　森　広一郎（水研セ増養殖研）

　　　　　　　　　　　　　　　　　　　　　座長　征矢野　清（長大海セ）
　5. マハタの種苗生産・養殖技術　　　　　　　　土橋靖史（三重水研）
　6. クエの種苗生産・養殖技術　　　　　　　　　中田　久（長崎水試）
　7. キジハタの種苗生産・養殖技術　　　　　　　南部智秀（山口水研セ）
　8. スジアラの種苗生産・養殖技術　　　　　　　武部孝行（水研セ西海水研）

III. 総合討論　　　　　　　　　　　　　　　座長　征矢野　清（長大海セ）・照屋
　　　　　　　　　　　　　　　　　　　　　　　　和久（水研セ西海水研）・中田
　　　　　　　　　　　　　　　　　　　　　　　　久（長崎水試）

閉会挨拶　　　　　　　　　　　　　　　　　　　照屋和久（水研セ西海水研）

出版委員

浅川修一　石原賢司　井上広滋　岡﨑惠美子
尾島孝男　塩出大輔　高橋一生　長崎慶三
矢田　崇　横田賢史　吉崎悟朗

水産学シリーズ〔181〕　　　　定価はカバーに表示

ハタ科魚類の水産研究最前線
Frontiers of Fisheries Science in Groupers

平成 27 年 3 月 16 日発行

編　者　　征矢野　　清
　　　　　照　屋　和　久
　　　　　中　田　　　久

監　修　　公益社団法人
　　　　　日本水産学会

〒 108-8477　東京都港区港南　4-5-7
　　　　　　　東京海洋大学内

発行所　　〒 160-0008
　　　　　東京都新宿区三栄町 8
　　　　　株式会社　恒星社厚生閣
　　　　　Tel　03 (3359) 7371
　　　　　Fax　03 (3359) 7375

Ⓒ 日本水産学会，2015.

印刷・製本　錦明印刷(株)

好評既刊本

もっと知りたい！海の生きものシリーズ 2

サンゴ礁を彩るブダイ－潜水観察で謎をとく

桑村哲生 著

ブダイの性転換やユニークな社会行動について潜水観察から詳しく解説する。
●A5判・104頁・フルカラー・定価（本体1,700円＋税）

増補改訂版 魚類生理学の基礎

会田勝美・金子豊二 編

進展著しい魚類生理学の新知見をもとに大改訂。大学等のテキストに最適。
●B5判・260頁・定価（本体3,800円＋税）

水産学シリーズ 170

日本産水産物のグローバル商品化－その戦略と技術

木村郁夫・岡﨑惠美子・村田昌一 編

国際的な水産物需要高のなか，サンマを例に日本水産物の輸出事業化を探る。
●A5判・150頁・定価（本体3,600円＋税）

水産学シリーズ 175

漁業資源の繁殖特性研究
－飼育実験とバイオロギングの活用

栗田 豊・河邊 玲・松山倫也 編

漁業資源の持続的利用に向けて飼育実験やバイオロギングの活用の道を探る。
●A5判・150頁・定価（本体3,600円＋税）

水産学シリーズ 176

魚類の行動研究と水産資源管理

棟方有宗・小林牧人・有元貴文 編

魚類の行動生物学的研究を応用し水産資源管理のあり方を検討したテキスト。
●A5判・146頁・定価（本体3,600円＋税）

水産学シリーズ 177

沿岸魚介類資源の増殖とリスク管理
－遺伝的多様性の確保と放流効果のモニタリング

有瀧真人 編

沿岸水産資源の増殖事業の「栽培漁業」の実態と放流種苗のリスク管理を総括。
●A5判・150頁・定価（本体3,600円＋税）

恒星社厚生閣